祛魅

你以为的真是你以为的吗？

李世强 著

孔學堂書局

图书在版编目（CIP）数据

祛魅：你以为的真是你以为的吗？ / 李世强著. 贵阳：孔学堂书局，2025.4. -- ISBN 978-7-80770-554-3

Ⅰ.B821-49

中国国家版本馆CIP数据核字第2025Y19Y75号

祛魅：你以为的真是你以为的吗？　李世强　著

QUMEI: NI YIWEI DE ZHEN SHI NI YIWEI DE MA?

责任编辑：杨彤帆
特约编辑：石胜利
封面设计：出壳设计
版式设计：王立刚

出版发行：贵州日报当代融媒体集团
　　　　　孔学堂书局
地　　址：贵阳市乌当区大坡路26号
印　　刷：三河市航远印刷有限公司
开　　本：710mm×1000mm　1/16
字　　数：216千字
印　　张：15.5
版　　次：2025年4月第1版
印　　次：2025年4月第1次印刷
书　　号：ISBN 978-7-80770-554-3
定　　价：58.00元

版权所有·翻印必究

前 言

我们生活在一个充满魅力的世界，每天都有无数的信息和诱惑在吸引我们的注意力和刺激我们的欲望。我们有各种各样的追求，有的是物质的，有的是精神的，有的是个人的，有的是社会的。我们认为这些追求能够给自己带来快乐和满足，能够让我们实现自己的价值和理想。我们为了获得这些而努力奋斗，也为了这些而烦恼痛苦。

但是，我们真的了解我们所追求的东西了吗？真的知道它们的本质和意义吗？真的能够从它们中得到我们想要的东西吗？或者，我们只是被它们的表象和外在所迷惑，被它们的虚假和欺骗所蒙蔽，被它们的利益和权力所操纵？我们是否需要对我们所追求的东西进行一次祛魅，祛除它们的神秘和幻像，看清楚它们的真相和本质？

本书的目的，就是要帮助我们进行这样一次祛魅。这样做的目的，不是要否定或摧毁我们所追求的东西，而是要让我们更加理性和清醒地认识和评价它们，从而做出更加合理和明智的选择；也不是要剥夺或压抑我们的欲望和情感，而是要让我们更加自由和平衡地表达和满足它们，从而获得更加真实和持久的快乐；更不是让我们遵守教条或给我们灌输什么，而是要启发和引导我们思考和探索，从而发现事物蕴含的更加深刻的意义。

本书的内容，涉及我们生活的各个方面，包括我们的身体和健康、金钱和财富、工作和事业、爱情和婚姻、家庭和亲友、社会和政治、文化和教育、信仰和宗教，等等。这本书的方法，结合了我们的个人经验和社会现象、常识和

祛魅：你以为的真是你以为的吗？

科学知识、历史和现实、理论和实践，等等。这本书的风格，是既严肃又幽默、既客观又主观，既简单又深刻，既普通又独特。

我虽然是这本书的作者，但也是一个普通人，一个有着自己的追求和困惑、经历和感悟、观点和态度、优点和缺点、成功和失败、喜怒哀乐、梦想和现实的人。我写这本书，不是因为我比别人更聪明或更有权威，而是因为我和别人一样，需要进行一次祛魅，需要看清楚自己所追求的真相；不是为了教导或说服别人，而是为了分享或交流自己的想法和感受；不是为了完成或结束什么，而是为了开始或继续什么。

我希望这本书能够对你有所帮助，能够让你在你的追求中，找到你的方向和目标、方法和策略、动力和信心、快乐和满足、意义和价值。我也希望这本书能够对我有所帮助，能够让我在写作中，找到我的灵感和创意、表达和沟通、反思和进步、成长和收获、责任和使命。

最后，我要感谢你——读者，你是这本书的灵魂和动力，你是这本书的目的和意义，你是这本书的伙伴和朋友，你是这本书的贡献和收获。我希望你能够喜欢这本书，希望我们彼此都能在书中获得成长。

目 录

第一章　我们为什么需要祛魅

"魅"，会让你被事物表象所蒙蔽 …………… 002
所谓"魅"，心理学称为"晕轮效应" ………… 007
因为"魅"，你是否会迷失自我 ……………… 011
"魅"，会让你自觉矮人三分 ………………… 014
"魅"，会造成你每天的焦虑 ………………… 020
祛魅，方可回归真实的自我 …………………… 025

第二章　对财富祛魅，正视金钱的价值和意义

金钱并不是衡量幸福的唯一标准 …………… 030
不要以财富论英雄 …………………………… 033
增加自身学识，创造属于自己的财富 ……… 037
不要总想不劳而获，一步步积累方是正道 …… 041
以财富为友，而不是成为财富的奴隶 ……… 046
教育孩子，不能灌输金钱至上的观念 ……… 050

I

第三章 对权威祛魅，过度迷信权威会迷失自我

了解权威，了解权威的类型与特征 …………… 054

权威的滥用会有什么后果 …………… 057

权威也非绝对正确，要有自己的判断力 …………… 060

过度迷信权威，将会被规则化 …………… 064

祛除滤镜，你会发现权威也是普通人 …………… 067

完全听从权威，你将没有真正的自我 …………… 071

夫妻的幸福生活，不能仅听权威的意见 …………… 074

教育不能盲从权威，每个家庭的情况都不相同 … 078

第四章 对外貌祛魅，美貌并不代表一切

女人，长得漂亮不如活得漂亮 …………… 084

样貌是优势，但并非你全部的魅力 …………… 087

祛除容貌焦虑，否则会老得更快 …………… 092

幸福最大的障碍是我们无法接受自己 …………… 095

别人身上的美好，其实你也拥有 …………… 098

不要因"失落一粒纽扣"而感到害怕 …………… 101

你就是你自己，独一无二的存在 …………… 105

关注样貌，不如关注自己的身体 …………… 109

第五章 对爱人祛魅，世界上不存在完美恋人

对恋人祛魅，爱上一个人也要保持清醒 ………… 114
恋爱时变得小心翼翼，会丢失自我 ………… 118
别把你的恋人，塑造成你偶像的结合体 ………… 122
什么都可以相比，唯独老公不能比 ………… 126
你的老公，真的有那么差吗 ………… 130
求同存异，学会拥抱彼此的差异 ………… 134
死盯着对方的短处，不如放大他（她）的长处 … 137
女人，一定要自己创造未来 ………… 141
结婚以后，也别停止自己的追求 ………… 144

第六章 对焦虑祛魅，未知的事情想再多也没用

每个人的内心，都存在焦虑 ………… 150
你是否也很害怕参加同学间的聚会 ………… 153
你所担心的失败，很多都不会发生 ………… 157
化解焦虑的最佳方式——好心态 ………… 162
错过不必的焦虑，那何尝不是一种美丽 ………… 166
焦虑，也会像时钟一样摆来摆去 ………… 170
焦虑不焦虑，你都是这一辈子 ………… 174
放松自己的神经，累了就歇一歇 ………… 178

第七章 对自卑祛魅，永远不要怀疑自己的能力

你的自卑，不会产生任何积极作用 …………… 184

你相信自己，奇迹自会出现 …………………… 188

在独立思考中，充实强大的内心 …………… 192

自信的人，走到哪里都光彩夺目 …………… 196

我们可以输给环境和对手，但绝不能输给自己 … 202

相信自己，才能战胜"不可能" ……………… 206

培养孩子自信心，绝不轻易否定自己 ………… 209

第八章 对外界祛魅，莫因他人的议论而改变自己

对外界祛魅，不要把别人的话当成真理 ………… 216

盲目讨好，并不会获得他人青睐 ……………… 219

不觊觎别人的光鲜华丽，就不会迷失自我 ……… 222

从他人的身上，你无法寻找到安全感 …………… 226

不让他人左右，过适合自己的生活 ……………… 230

面子，让你的生活苦不堪言 ……………………… 233

他人的嘲笑并不可怕，那是你前进的动力 ……… 237

第一章 我们为什么需要祛魅

祛魅，即去除事物神秘的外衣，看清事物的本质，是我们理解世界、作出理性判断的重要步骤。祛魅可以帮助我们摆脱迷信的束缚，并在现代社会中找到其价值与意义。在现代社会，祛魅被认为是理解和应对复杂现象的关键。

"魅",会让你被事物表象所蒙蔽

> 一个明智的人就是一个不会被表面现象所欺骗的人,他甚至预见到了事情将往哪一方向变化。
>
> ——叔本华

魅力是一种强大的力量,它可以影响我们对事物的看法和感受。有时,我们会被某些人或物的魅力所吸引,而忽略了它们背后的真相。这就是"魅",它会让我们被表象所蒙蔽,从而无法看到本质。

我们首先探讨一下"魅"的概念,稍后再讨论如何避免被它迷惑。我们可以从以下几个方面进行分析:

- 什么是"魅",它有什么特征和作用?
- 为什么我们会被"魅"所吸引,有什么心理和社会原因?
- 如何识别和抵制"魅",有什么方法和技巧?

我们来看看"魅"是什么。根据《现代汉语词典》的定义,"魅"是"使人着迷的神秘力量"。在日常生活中,我们常常用"魅力"来形容某些人或物的吸引力。例如,我们会说某个明星有"超凡的魅力",某个产品有"无法抗拒的魅力",等等。这些都是"魅"的表现形式,它们通过外在的美貌、声音、气质、设计等因素,给我们留下了深刻的印象。

但是,"魅"并不总是正面的。有时候,"魅"也可能是一种欺骗和误导,它会让我们忽视事物的真实面貌,从而做出错误的判断和选择。

例如,我们可能被某个人的甜言蜜语所迷惑,而不知道他/她的真实动机;我们可能被某个广告的夸张宣传所吸引,而不了解产品的质量和效果;我们可能被某个理论的华丽辞藻所打动,而不考虑它的逻辑和辩证。这些都是"魅"的危险性,它们会让我们失去理性和判断力,从而导致不利的后果。

那么,为什么我们会被"魅"所吸引呢?这里涉及一些心理和社会方面的原因。从心理学角度来看,"魅"可以满足我们的一些基本需求,如自尊、归属、认同、欣赏等。当我们看到一个有"魅力"的人或物时,我们会感到好奇、敬佩、羡慕、喜欢等,这些情绪可以增强我们的自我价值感和幸福感。同时,"魅"也可以简化我们的认知过程,让我们更容易做出决策。当我们面对一个复杂的问题或选择时,如果有一个充满"魅力"的答案或方案出现,我们就会倾向于接受它,且不会花费太多时间和精力去分析和比较其他的可能性。

从社会学角度来看,"魅"也可以反映出我们所处的文化和环境对我们的影响。在一个竞争激烈、变化快速、信息爆炸的社会中,"魅"可以作为一种有效的沟通和传播工具。它可以吸引人们的注意力,传递某种信息或价值观,影响人们的态度和行为。例如,政治家、商人、媒体等都会利用"魅"来塑造自己的形象,提升自己的影响力,说服和吸引更多的支持者和消费者。同时,"魅"也可以作为一种社会规范和期待,它可以反映出我们所属的群体或社会对我们的要求和评价。例如,我们会被某些具有"魅力"的人或物潜移默化地影响,

祛魅：你以为的真是你以为的吗？

模仿他们的言行举止，追求他们的生活方式，以求得到他们的认可和赞赏。

这里我们先看一个故事。

我的一位学长在电子商务方面小有名气。当时一家咨询公司找到他，让他去做顾问，负责为一家电子商务公司提供市场分析和策略建议。这家公司的业务模式是通过提供优惠券和返利来吸引消费者，然后向商家收取佣金。公司创始人是一个年轻有为的企业家，他对自己的产品非常有信心，认为它能够打败所有竞争对手。

学长在与企业家的第一次会面中，就感受到了他的魅力。他用流畅的表达和热情的语气向学长介绍了公司的优势，展示了产品数据和用户反馈，还给学长看了他的愿景和目标。学长当时就被他说服了。学长觉得他是一个有远见、有能力的领导者，他的公司是一个有潜力、有价值的公司。

但是，当开始深入地分析企业家的公司数据和市场情况时，学长发现了一些问题：

首先，公司的数据并不完整，有些关键指标缺失或者不准确。例如，企业家没有提供用户留存率和转化率，也没有说明用户使用优惠券和返利的频率以及金额。

其次，公司的市场分析也不全面，没有考虑竞争对手的动态和消费者的需求变化。例如，企业家没有分析其他公司的优惠券和返利策略，也没有调查用户对于优惠券和返利的偏好和满意度。

最后，企业家的策略建议也不合理，没有基于数据和逻辑，而是基于自己的直觉和假设。例如，他建议增加优惠券和返利的力度和范围，以此来提高用户量和收入，但是没有考虑这样做会增加成本和风险，也没有评估这样做对于用户行为和商家合作会产生什么影响。

学长把分析结果和建议写成一份报告，并在下一次会面中交给企业家参考，希望他能够接受意见，并根据实际情况调整自己的产品和策略。但是，出乎意料，企业家并没有听取学长的建议，而是对报告进行了一番激烈的反驳。他认为学长的分析是错误的、建议是无效的。他坚持认为自己的产品完美无瑕，不需要任何改进。他甚至还质疑学长的专业能力和诚信，认为学长是在故意贬低他的公司，以便收取更多的咨询费。

学长很生气，也很失望。他觉得自己白白浪费了时间和精力，为一个不愿意改变、不愿意进步、不愿意面对现实的人提供服务。他觉得自己被企业家之前表现出来的魅力蒙蔽了，没有看清楚他真正的本质。企业家只是一个自恋、自负、自以为是、自欺欺人、自寻死路的人。

最后，学长主动从这家公司离开了。果然没多久，这家公司就曝光出各种负面新闻，最终走向倒闭。

这个故事告诉我们一个道理：魅，会让你被事物的表象所蒙蔽，从而无法看到本质。在生活和工作中，我们要学会用理性的眼光去看待人和事，不要被表面的华丽和诱惑所迷惑，不要被虚假的数据和言辞所欺骗，不要被自己的情感和偏见所影响。只有这样，我们才能做出正确的判断和决策，才能避免陷入麻烦和困境，才能实现自己的目标和价值。

"魅"是一种复杂而神奇的现象。它是一把双刃剑，既有积极的一面，也有消极的一面。那么，我们如何识别和抵制"魅"的负面影响呢？这里有一些方法和技巧可以参考：

1. 增强自我意识和批判思维

要认识到自己的情感、偏好、价值观等会影响我们对事物的看法和判断。因此，我们要学会理性地分析和评估事物的优缺点、真假好坏、利弊得失等。我们要保持一种开放和质疑的态度，不轻信表面现象，不盲从权威或大众。

2. 增加信息来源和比较范围

要多方面地收集和了解事物的相关信息，不仅要看到它们的正面展示，也要看到它们的背后隐情；不仅要听到与它们相关的主张观点，也要听到与它们相关的反驳批评；不仅要关注它们的短期效果，也要关注它们的长期影响。

3. 增加反馈渠道和交流机会

要与不同的人交流和分享自己对事物的看法和感受，听取他们的意见和建议，尊重他们的差异和多样性，从他们的角度和立场去理解和评价事物，从而拓宽自己的视野和思路。

总之，"魅"是一种无处不在而又难以抗拒的现象，它会让我们被事物表象所蒙蔽，从而无法看到本质。但是，如果我们能够运用上述方法和技巧，就可以提高自己对"魅"的识别和抵制能力，从而做出更加明智和合理的选择。

祛魅小技巧

"魅"反映了文化和环境对我们的影响。我们自己的情感、偏好、价值观等会影响我们对事物的看法和判断。因此对于任何事物，我们都要保持开发和质疑的态度。

所谓"魅",心理学称为"晕轮效应"

> 我们的眼睛聚焦在一个光圈之后,当我们的眼睛离开了光圈,眼前依然会觉得这个光圈在自己的眼前。
>
> ——爱德华·桑戴克

祛魅,指对某些事物或人物的过分赞美或偏爱进行批判性的分析,以消除其对人们的迷惑和影响。

所谓"魅",心理学称为"晕轮效应",即人们在评价某一方面时,受到其他方面的影响,从而形成一个整体的印象,而忽略了具体的细节。例如,一个人因为长相漂亮或有才华,就被认为品德高尚或智慧过人,而不考虑其是否真的具备这些品质。这种晕轮效应会导致人们对事物或人物的判断失去客观性和理性,从而影响自己的思维和行为。

祛魅：你以为的真是你以为的吗？

有一位老师，他的学生都很喜欢他，因为他总是给他们讲一些有趣的故事，而且他的故事都是真实的，他亲身经历过的。

有一天，他给学生们讲了一个关于他年轻时在非洲旅行的故事。当时，他和几个朋友在非洲遇到了一群野生大象。他们很想靠近拍照，但是大象很凶，不让他们靠近。

于是，他想出了一个办法。他用一根绳子把自己绑在一棵树上，然后用另一根绳子把一只小猴子吊在空中，引诱大象走过来。

结果，大象真的被小猴子吸引了，它们围着树转了几圈，然后用鼻子把小猴子拉下来，吃掉了。

老师说，他当时吓得要死，以为自己也会被大象吃掉，但是幸运的是，大象没有发现他，走开了。

老师讲完故事后，学生们都惊呆了。他们觉得老师太勇敢了，也太幸运了。他们对老师的敬佩之情更加深了。

这个故事就是一个典型的"晕轮效应"的例子。所谓"晕轮效应"，就是指人们对某个人或某件事有了一个好的印象后，就会把这个印象扩展到其他方面，认为这个人或这件事在其他方面也很好。

上述例子中，学生们对老师有了一个好的印象，就认为老师讲的故事都是真实的，而不会去怀疑或验证。但是，如果我们仔细分析一下这个故事，就会发现它有很多不合理的地方。比如：

- 为什么老师要用绳子把自己绑在树上？这样做有什么好处吗？如果大象发现了他，他怎么逃跑呢？
- 为什么老师要用绳子把小猴子吊在空中？
- 大象是素食动物，大象真的会吃小猴子吗？
- 老师怎么知道大象没有发现他呢？大象的嗅觉和听觉都很灵敏，而且老师有没有尖叫呢?

如果我们用这样的问题去分析老师的故事，就会发现它很可能是虚构的，或者至少是夸张的。但是学生们没有这样做，因为他们已经被老师的"魅力"迷惑了。这就是"晕轮效应"的危险之处。它会让我们失去理性和判断力，盲目地相信或接受一些不真实或不合理的信息。

因此，我们需要学会祛魅，即用理性思维来分析和评价人或事物，而不是凭借感觉或者第一印象。祛魅的方法有以下几种：

1. 多角度观察

不要只看一个人或事物的表面，而是要从多个角度了解和观察它们的本质。例如，如果我们想要评价一个人的能力，就不能只看他的外貌或者学历，而要看他的沟通能力、团队协作能力以及实际工作中取得的成绩，等等。

2. 多方面比较

不要孤立地看待一个人或事物，而要和其他相关的人或事物进行比较。例如，如果我们想要评价一个产品的质量，就不能只看它的价格或者广告，而要看它和同类产品的功能、用户反馈、专业评测等之间的对比。

3. 多渠道获取信息

不要只相信一种信息来源，而要从多个渠道获取信息，并且对信息的真实性和可靠性进行判断。例如，如果我们想要了解一个事件的真相，就不能只听一方的说法，而要从多个媒体、多个目击者、多个专家等方面获取信息，并且分辨哪些是事实，哪些是观点，哪些是谣言。

4. 多次反思和修正

不要固执地坚持自己的判断，而要经常反思和修正自己的观点和态度。例如，如果我们发现自己对某个人或事物有了偏见或误解，就要及时承认自己的错误，并且寻求更多的证据和理由来纠正自己的看法。

祛魅是一种重要的思维能力和素养。它可以帮助我们更加客观、理性、全

祛魅：你以为的真是你以为的吗？

面地认识和评价这个复杂多变的世界。我们应该在日常生活中不断地锻炼和提高自己的祛魅能力，以便做出更加正确和合理的决策。

祛魅小技巧

"魅"，即心理学上的"晕轮效应"。我们要摆脱"晕轮效应"对自己的影响，就要学会多角度观察，多方面比较，多渠道获取信息，多次反思和修正。

因为"魅",你是否会迷失自我

> 世界上最颠倒众生的,不是美丽的女人,而是最有吸引力的女人。
>
> —— 柏杨

因为"魅",你会迷失自我。这是一句常见的警告,意思是说,如果你过于追求外在的魅力,你就会忽视自己的内在价值,甚至失去自我认同。但是,这句话真的有道理吗?我们为什么要害怕"魅"呢?难道"魅"就一定是虚假的吗?难道"魅"就一定会让我们远离自己的初心吗?

在这里,我想和大家探讨一下"魅"的含义和作用,以及如何正确地使用"魅"来提升自己的形象和影响力,而不是让它成为我们的负担和障碍。在讨论之前,我想先给大家讲一个故事:

祛魅：你以为的真是你以为的吗？

  阿宇自小就与音乐结下了不解之缘。一把略显破旧的吉他，是他童年至青春岁月里最忠实的挚友。无数个静谧的傍晚，他总会坐在自家小院，余晖将他的身影拉得斜长。阿宇轻轻拨弄着琴弦，用歌声倾诉着心底的梦想。每一首原创歌曲，都承载着他对生活的细腻感知，或是对爱情懵懂的向往，又或是对未来的无限期许，那是独属于他的情感密码。

  大学时代，阿宇与志同道合的伙伴们组建了乐队。他们在校园的角落、街头不起眼的小舞台，尽情挥洒着自己的才华。尽管台下观众寥寥无几，可是每次演出，他们都投入了全部的热情。那是对音乐最纯粹的热爱，没有丝毫的功利心。毕业之后，怀揣着对音乐的执着，阿宇和乐队成员毅然决然地奔赴大城市，渴望在那里开拓一片属于自己的音乐天地。

  刚到大城市，现实的残酷便如当头棒喝。为了在这个城市站稳脚跟，维持基本的生活开销，他们不得不频繁地穿梭于各个商业演出场所。这些演出大多要求演奏当下的流行金曲，以迎合大众的喜好。起初，阿宇还会在闲暇时，弹弹自己的原创曲目，但随着演出的日益增多，他渐渐将更多的精力放在了练习热门歌曲上，那些曾经倾注了无数心血的原创作品，被他搁置在了一旁。

  随着演出经验的不断积累，演出机会越来越多，收入也逐渐稳定，阿宇在当地的音乐圈子里渐渐有了一些名气。然而，他的内心却越发迷茫，曾经对音乐的那份炽热，在日复一日的商业演出中慢慢冷却。有一回，在一场大型商业演出的后台，阿宇听到身旁的歌手们热烈地讨论着如何利用炒作手段获取更多流量，那一刻，他突然觉得周围的一切都变得如此陌生，自己仿佛置身于一个不属于自己的世界。

  直到有一天，阿宇在整理旧物时，偶然翻出了大学时期乐队演出的视频。视频里的他们，眼神中闪烁着熠熠光芒，那是对音乐毫无保留的热爱，纯粹而炽热。再看看如今的自己，每日为了名利四处奔波，面容疲惫，却丢失了最珍贵的东西——对音乐的初心。就在这一刻，他终于清醒地意识到，自己在追逐商业成功这一虚幻的"魅"的过程中，早已迷失了真正的自我。

在这个故事里，商业演出带来的名利与地位，无疑是阿宇在音乐道路上遇到的"魅"。这种诱惑使得他在追求音乐梦想的旅程中，逐渐偏离了最初的轨道。从专注于创作和演绎原创音乐，转变成为了迎合大众口味而演奏流行金曲，阿宇的这一转变，既是外界诱惑的影响，也是生存压力之下的无奈之举。在这个过程中，他过于在意商业利益以及他人的认可，从而忽视了自己内心深处对音乐最本真的追求，一步一步地丧失了自我表达和创作的能力，逐渐迷失在追逐名利的浪潮中。

在我们的生活中，"魅"无处不在，它可能是功成名就后的荣耀，也可能是他人认可的目光，这些看似美好的东西，常常使我们偏离自己的本心。就像阿宇在追求音乐梦想的过程中，被商业利益蒙蔽了双眼，忘记了音乐最初带给他的感动与力量。我们往往在外界的影响下，轻易地放弃了那些真正热爱的事物，还误以为这就是通往成功的方向。然而，当我们静下心来，停下匆忙的脚步，审视自己的内心时，才会惊觉，真正的成功并非功成名就，而是坚守自我，不被外界的"魅"所左右。只有勇敢地挣脱这些虚幻的诱惑，回归内心的真实，我们才能在漫长的人生道路上，找到真正属于自己的方向，实现自我价值，收获真正的幸福。

祛魅小技巧

"魅"是一把双刃剑。如果你无法正确运用，你就会迷失自我，成为一个被动、从众、无趣的人。相反，如果你能够正确运用，就能让自己成为一个有吸引力、有影响力、有价值的人。

"魅",会让你自觉矮人三分

> 只有通过迷茫,才能找到真正的自我。
>
> ——华特·惠特曼

在这个充满竞争和压力的社会,我们常常会遇到一些让我们自惭形秽的人或事。他们可能是我们的朋友、上司、同事、客户,甚至是陌生人。他们有着令人羡慕的能力、魅力、气质或风度,让我们觉得自己不够好,不够优秀,不够有价值。这种感觉就是我们所说的"魅",也就是自我贬低或自卑的一种表现。

那么,为什么我们会有这样的感觉呢?有哪些因素会影响我们的自我评价呢?如何摆脱"魅"的困扰,提升自信呢?在回答这些问题之前,我还是先讲一个故事。这是我自己的一段经历。

我刚刚毕业工作时,在内蒙古自治区找到了一份记者工作。我很喜欢我的工作，因为我可以接触到很多不同的人和事，可以写出自己的观点和感受。我很自信，觉得自己有足够的能力和潜力，可以在这个行业里有所作为。

有一次，我被派去采访一位本地很有名的企业家，他姓李。他是一个年轻有为的创业者，他的公司在短短几年内就处于当地这个行业的领先地位，他本人也被当地媒体誉为"新贵"。我对他很好奇，也很敬佩，所以我提前做了很多准备工作，希望能够写出一篇精彩的人物报道。

采访当天，我提前到了约定的地点，一个高档的咖啡厅。我在门口椅子上坐着等了一会儿，就看到李先生走了过来。他穿着一身西装，看起来很干练。他的脸上带着微笑，昂首挺胸，周围的人都不由自主地向他投去羡慕或敬佩的目光。他走到我面前时，我立刻站了起来，伸出手致意。

"你好，李先生，我是××报社的记者××。"我说。

"你好，很高兴见到你。"他说，并握住了我的手。

他的手很温暖，也很有力；他的眼神很坚定，也很友善；他的声音很清晰，也很有磁性。我感觉到了一股无形的压力，在我的心头涌起。我突然觉得自己很渺小，很不起眼。我想说些什么话来缓解紧张感，但是说不出口。

我们坐下后，李先生主动开始了谈话。"你是怎么对我的公司感兴趣的呢？"他问。

"嗯……"我支支吾吾地说，"其实……我一直都在关注贵公司的动态……"

"是吗？那你对我们公司有什么看法呢？"他又问。

"嗯……"我又犹豫了，"其实……我觉得贵公司很厉害……"

"厉害？具体体现在什么方面呢？"他继续追问。

"嗯……"我已经没有话可说了，"其实……就是……"

我看着李先生期待的眼神，感觉自己像一个被审问的犯人。我原本准备了很多问题和话题，想要和他进行一场深入的交流，但是当真站在他的面前时，我忘记了一切。我只能感受到他的魅力，让我自觉矮人三分。

祛魅：你以为的真是你以为的吗？

采访进行得很不顺利，李先生虽然很有礼貌，但是也很无趣。他只是回答了我一些表面的问题，没有透露任何有价值的信息。我也没有能够挖掘出他的个人故事，他的想法，他的感受。我觉得自己浪费了一个难得的机会，也未达到了自己期望的目标。

采访结束后，我很失落地离开了咖啡厅。我回到办公室，把录音机里的内容倾听了一遍，发现自己没有获得任何可以写出来的素材。我只能勉强拼凑了一篇平淡无奇的报道，交给了编辑。编辑看了之后，很不满意。"你这是什么水平？你怎么能浪费这么好的一个采访机会？你知道有多少人想要采访他吗？你这样做是对我们报社的不负责任！"他批评了我一顿。

我无言以对，只能低着头认错。我心里很难受，也很自责。我知道自己做得不好，但是我也不知道该怎么改进。我觉得自己没有魅力，没有能力，没有前途。

这件事情给了我很大的打击，也让我开始反思自己。我意识到，魅力不是一种天赋，而是一种技能，它可以通过学习和练习来提高。如果我想要成为一个优秀的记者，一个有影响力的人物，就必须提升自己的魅力。

于是，我开始了我的魅力之旅。我阅读了很多关于魅力的书籍和文章，学习了很多关于魅力的理论和方法。我参加了一些关于魅力的培训和课程，接受了一些关于提升个人魅力的指导和建议。我也开始在工作和生活中实践和应用提升魅力的技巧和策略。

经过一段时间的努力和进步，我发现自己变了。我的言谈变得更加自信，举止更加得体，我的思维方式变得更加开放和创新，我的人际关系变得更加融洽和亲密。我的工作表现也有了明显的提升，我的报道变得更加有深度和吸引力，我的采访对象变得更加多样和重要。编辑对我也有了新的评价。"你最近进步很大啊！你的报道都写得很好！你是怎么做到的？"他问。

"其实……就是……"我笑着说，"学习如何提升自己的魅力。"

"魅力？"他惊讶地说，"你说得对！你确实比刚来时更有魅力和气场了！"

从那以后，我的记者职业生涯一帆风顺。我成了当地一名小有名气的记者。我采访过当地的很多名人和领导，写了很多精彩和热门的报道。我也收获了很多朋友和粉丝，他们都喜欢和欣赏我的才华与魅力。

魅力，这是一个很难用语言描述的东西。它不是美貌，也不是才华，更不是财富。它是一种气质，一种能够吸引他人的力量，一种让人无法忽视的存在感。有些人天生就有魅力，有些人则需要后天培养。但是，无论如何，魅力都是一种很重要的品质，它可以让你在生活中获得更多的机会和尊重。

回到文章开头的问题，我们应该如何摆脱"魅"的困扰，提升自信呢？

首先，我们要明白，自我评价是一个主观的过程，它受到我们的认知、情绪、经验、价值观等多方面的局限。我们并不是客观地看待自己，而是通过一些过滤器或镜子来进行比较和判断。这些过滤器或镜子可能是我们的期望、标准、偏见、信念等。如果我们对自己有着不切实际的要求，那么我们就容易产生"魅"的感觉。

例如，如果我们认为自己必须在所有方面都完美无缺，就会忽略自己的优点和成就，从而放大自己的缺点和失败。如果我们认为他人都比自己优秀，就会忽视他人的不足和困难，从而夸大他人的优势和成功。这样，我们就会陷入一种不公平的比较中，感到自己不如别人。

其次，我们要认识到，"魅"的感觉并不是客观存在的事实，而是我们对事实的一种解读或评价。同样的事实，不同的人可能会有不同的感受和反应。有些人可能会把"魅"作为一种激励或挑战，促使自己努力进步；有些人可能会把"魅"作为一种威胁或障碍，导致自己退缩放弃。这取决于我们对"魅"的意义和影响的理解和态度。

例如，如果我们认为"魅"是一种证明自己无能或无用的证据，就会感到沮丧、羞愧、恐惧或愤怒。如果我们认为"魅"是一种提醒自己有待提高或改进的信号，就会感到兴奋、好奇、期待或乐观。这样，我们就可以从"魅"中获得动力和信心。

最后，我们要学会如何应对和消除"魅"的感觉。这需要我们从以下几个方面进行调整和改变。

1. 调整认知

我们要正视自己和他人的优缺点，客观地评价自己和他人的能力和表现。我们要树立合理和适当的期望和标准，避免过高或过低地要求自己或他人。我们要认识到每个人都有自己的特点和价值，不必和他人进行无谓的比较和竞争。我们要关注自己的进步和成长，而不是自己所处的位置和地位。

2. 调节情绪

我们要接受自己的感受，而不是压抑或否认自己的感受。我们要用积极和健康的方式来表达和释放自己的情绪，而不是用消极和有害的方式来抑制或发泄自己的情绪。我们要用正面和有益的情绪来激励和鼓励自己，而不是用负面和有害的情绪来打击和贬低自己。

3. 改变行为

我们要采取有效和实际的行动来改善自己的状况，而不是选择逃避或放弃。我们要制定明确和可行的目标和计划，按照步骤和顺序来实施和执行。我们要寻求合适和有用的资源和帮助，利用外部的支持和协助，以改善自身的状况，提升魅力。我们要反馈和评估自己的结果和效果，并且及时调整和改进。

总之，"魅"是一种常见但不必要的心理现象，它源于我们对自己和他人的不公平或不合理的评价。如果我们能够正确地认识、理解、接受、表达、释放、调整、改变自己对"魅"的感觉和认识，就能够摆脱"魅"的困扰，提升自信，实现自我价值。

祛魅小技巧

我们受"魅"的影响,是因为我们通过一些过滤器或镜子来看世界的万物。我们看到的事物其实是片面的,这是因为我们在对事物进行感知时受到了自身的期望、标准、偏见、信念等影响,要么放大了缺点和失败,要么忽视了优点和成功。要祛魅,我们就要调整认知,调节情绪,改变行为。

"魅",会造成你每天的焦虑

> 焦虑是面对自由的眩晕,如同人面对深渊的眩晕。
>
> ——索伦·阿拜·克尔凯戈尔

你是否经常感到自身魅力不足,无法吸引他人的注意?你是否担心自己的外表、言行或能力不够出色,而导致别人对你失去兴趣?如果你有这样的困扰,那么你可能陷入了"魅力焦虑"。

"魅力焦虑"是一种对自己的魅力感到不安和不自信的心理状态,它会影响你的自我形象、社交能力和生活质量。你可能会因为担心自己不够有魅力,而在与他人交往时表现出紧张、拘谨或过度迎合的现象,从而降低你的魅力。

或者你可能会因为害怕失去他人的喜爱,而在恋爱或友情中表现出对他人过分依赖、缺乏信任或过度控制的态度,破坏了你与他人的关系。甚至你可能会因为对自己的魅力不自信,在工作或学习中表现出缺乏动力、自信或创造力的现象，从而影响你的成就。

张晓是我的发小。她从小就能歌善舞，而且长得很漂亮。这几年随着网络直播的兴起，张晓也加入了网络主播的行列，开始每天直播。她的直播间每天都有好几千的观众，她的粉丝也有数万人。她的直播内容主要是唱歌、跳舞、玩游戏、聊天等，她的风格是活泼、可爱、幽默、亲切。她的收入也很可观，生活得很舒适。

我们很多同学一直都很羡慕张晓，觉得她做主播时间自由，收入可观。然而，有一天张晓找我吃饭时，我感觉出她闷闷不乐。

她告诉我，其实她并不快乐，她每天都感到焦虑。她觉得自己的直播是一种"魅"，靠外表吸引人，而粉丝每天的夸赞也让她很享受。但是正因为如此，她每天都很恐惧，怕随着时间的推移，在某一刻这一切都烟消云散。

张晓告诉我，她的焦虑有以下几个表现：

- 她每天都要花很多的时间和精力来准备和进行直播。她没有时间和空间来做自己喜欢的事情，比如阅读、学习、运动等。她也没有时间和机会来与自己的亲友和社会进行现实中的交流和互动。她觉得自己的生活很单调和孤独。

- 她每天都要面对很多观众和粉丝的评价和反馈，她不得不考虑自己的形象和声誉，她不得不迎合他们的喜好和需求，她不得不应付他们的赞美和批评，她觉得自己的直播很累人和压抑。

- 她每天都要担心自己的直播效果和收入，她不知道自己的直播是否能够吸引和留住观众和粉丝，她不知道自己的直播是否能够保持或提高收入和排名，她不知道自己的直播是否能够应对和抵抗竞争和风险，她觉得自己的直播很不稳定。

听完张晓的诉苦，我也为她感到伤心。我给了她一些建议，让她尝试一下，

祛魅：你以为的真是你以为的吗？

看能否摆脱焦虑，能否重新找回自我和幸福。我的建议是：

- 调整自己的直播时间和内容，给自己留出一些休息和娱乐时间，做一些自己喜欢的事情，比如阅读、学习、运动等，也给自己一些与亲友和社会进行交流和互动的机会，让自己的生活更加丰富多彩。
- 分析自己的直播优势和劣势，找出自己的特色和风格，不要盲目地迎合和模仿他人，也不要过分地在意他人的评价，受他人的影响，保持自己的判断和个性，让自己的直播更加有意义和魅力。
- 采取一些预防和应对措施，比如制定一些合理可行的目标和计划，比如建立一些稳定和可靠的合作关系，比如学习一些有效和实用的技能和知识，提高自己的能力和自信，增强自己的安全感和满足感。

张晓觉得我的方案可以一试，而她也是一个身体力行的人。回去后，她就开始实践上述建议。过了一段时间后，张晓又约我吃饭。这次见面，我发现她精神抖擞，看起来好了很多。

她告诉我，她渐渐地克服了焦虑的困扰，也找回了自我和幸福。她的直播不再是一种"魅"，不再是一种对她的束缚和困扰，而是一种乐趣和表达，是一种对她的支持和鼓励。她的直播不再让她感到压力和疲惫，而是让她感到轻松和快乐。她的直播不再让她远离和疏远自己和他人，而是让她靠近和融入自己和他人。她的直播让她找到和展现自我，而不是迷失和遗忘自我。

张晓会感到焦虑，是因为她的直播让她陷入一种"魅"的状态，她无法平衡直播和生活。她的直播工作，不仅使她丧失了原本的兴趣爱好，还让她承受着外界诸多评价带来的压力，面临着许多风险和不确定性；她的直播让她忽视了自己的情绪和需求，让她疏远了自己的亲友和现实社会；她的直播让她迷失了自我，让她感到不快乐和不满足。

那么，如何摆脱"魅力焦虑"的困扰呢？这里有一些建议可以帮助你提升自己的魅力，并减轻焦虑感：

1. **认识并接受自己**

魅力并不是一种固定的属性，而是一种可以培养和提高的能力。每个人都有自己独特的魅力，无论是外貌、性格、才华，还是价值观。你不需要模仿别人，也不需要符合别人的期待，只需要做最真实的自己，就可以展现出你的魅力。同时，你也要接受自己的不完美，不要过分批评或否定自己，而要欣赏和肯定自己的优点和成长。

2. **培养并展示自己的兴趣和特长**

有兴趣和特长的人通常会更有魅力，因为他们会散发出一种热情和自信，也会吸引一些与自己有共同爱好的人。你可以找一些你感兴趣或擅长的事情，并投入时间和精力去学习和实践。无论是音乐、绘画、运动、阅读，还是其他事情，只要你能享受其中，并展示你的风格和个性，就可以提升你的魅力。

3. **学习并运用有效的沟通技巧**

沟通是展现魅力的重要途径，也是建立良好关系的基础。你可以学习并运用一些有效的沟通技巧，来提高你与他人交流的效果和质量。例如，你可以多倾听他人的想法和感受，并给予积极的反馈和支持；你可以多分享自己的经历和观点，并用幽默来增加故事的趣味性；你可以多问一些开放式问题，并用肢体语言和眼神来增加亲密感。

4. **放松并享受与他人相处的过程**

最后，要摆脱"魅力焦虑"，你需要放松自己的心态，并享受与他人相处的过程。你不需要刻意去迎合或取悦他人，也不需要担心他人的评价或反应，只需要顺其自然地表达自己，并尊重他人的选择。你也不需要把每一次交往都当成一场考验或竞争，而要把它当成一种学习或娱乐的机会。当你能够放松并享受与他人相处的过程时，你就会发现自己的魅力会自然地流露出来，也会吸引更多与你志趣相投的人。

祛魅：你以为的真是你以为的吗？

祛魅小技巧

我们要摆脱"魅力焦虑"的困扰，就需要做到以下几点：认识并接受自己；培养并展示自己的兴趣和特长；学习并运用有效的沟通技巧；放松并享受与他人相处的过程。

祛魅，方可回归真实的自我

> 人类历史文明的发展是理性战胜非理性的过程。
>
> —— 马克斯·韦伯

在当今社会，我们常常被各种各样的魅力所吸引，无论是名人、品牌、潮流，还是理想、信仰、价值观。我们渴望拥有这些魅力，或者至少能够接近它们，以此来获得认同、满足和幸福。但是，这些魅力真的能够给我们带来自己想要的吗？它们真的是我们内心深处所追求的吗？

这些魅力往往是一种幻象，一种外在的诱惑，一种对我们自身缺乏的补偿。它们并不能真正地反映我们的本质，也不能真正地满足我们的需求。相反，它们会让我们迷失自我，忘记自己真正的目标和追求的意义，甚至牺牲自己的原则和价值。因此，我们需要祛除这些魅力，回归真实的自我。

祛魅：你以为的真是你以为的吗？

我有一个弟弟，叫小明。小明是一个普通的上班族，他为了赚钱养家每天早出晚归。他没有特别的爱好或梦想，只是想安稳地过日子。他也不太关心社会上发生的事情，只是偶尔在手机上看看热点新闻，转发一些搞笑视频或者励志语录。他觉得自己是一个正常的人，也没有对生活感觉到不满或者不幸。

有一天，他在网上看到了一个广告，说是可以通过一个神奇的软件，让自己变得更加有魅力，更加成功，更加幸福。他好奇地点击了链接，下载了软件。软件要求他上传自己的照片，然后通过人工智能技术，给他生成了一个完美的形象。软件还可以让他在虚拟的社交平台上，与其他使用者互动，分享自己的经历和感受。

小明一开始觉得很好玩，他喜欢看到更加帅气、有才华、受欢迎的自己。他也喜欢听到别人对他的赞美和羡慕。他渐渐地沉迷于这个虚拟的世界，每天都要花几个小时在软件上与他人相处。

但是，随着时间的推移，小明发现自己越来越不快乐。他开始厌倦自己的工作和生活，觉得都是无聊和平庸的。他开始嫉妒那些在软件上看起来更加成功和幸福的人，觉得自己比不上他们。他开始怀疑自己的真实性和存在的价值，觉得自己只是一个虚假和空洞的存在。

他开始失去了对自己和周围人的信任和尊重，觉得彼此间都是一些虚伪和互相利用的关系。他开始变得孤僻和抑郁，也不愿意与任何人沟通和交流。

小明最终意识到自己陷入了一个危机。他决定删除那个软件，断开与那个虚拟世界的联系。他开始重新审视自己的生活和价值观，寻找自己真正想要做的事情和追求的目标；重新建立与家人、朋友、同事、社会的联系和责任感；重新寻找自己的兴趣和激情，学习新的知识和技能，参与新的活动和项目；重新感受自己的存在和价值，享受自己的成长和进步，感恩自己的幸运和机会。

小明的故事告诉我们：祛魅，方可回归真实的自我。我们不能被外界的诱惑和幻象所迷惑，我们不能失去自己的判断和选择。我们要保持对自己的认识和尊重，对生活的热情和责任，对社会的关心和贡献。我们要做一个真实的人，一个有价值的人，一个幸福的人。

祛魅，并不是说要完全否定或抛弃这魅力，而是要用一种理性和客观的态度来看待它们。我们要明白，魅力只是一种工具，一种手段，而不是一种目的，也不是一种本质。我们要用自己的判断和选择来决定是否要接受或使用这魅力，而不是盲目地跟随或崇拜它。我们要用自己的标准和价值来评价这种魅力，而不是被它左右或束缚。

回归真实的自我，并不是说要完全孤立或排斥这种魅力，而是要用一种真诚和主动的态度来面对它们。我们要认识到，魅力只是一种参考，一种启发，而不是一种规范和限制。我们要用自己的特点和优势来展现或创造这种魅力，而不是模仿或复制它们。我们要用自己的目标和意义来驱动或超越这种魅力，而不是依赖或满足于它们。

祛魅的方法有很多，比如阅读、思考、写作、交流等。这些方法都可以帮助我们提高自己的批判性思维能力，增强自己的独立性和创造性，培养自己的个性和风格。通过这些方法，我们可以对自己所接收的信息和观念进行分析和总结，区分哪些是有价值的，哪些是无用的；哪些是符合自己的，哪些是不适合自己的。这样，我们就可以摆脱外界的干扰和压力，做出更符合自己本心的选择和决定。

祛魅并不是一件容易的事情，它需要我们付出时间、精力、勇气，并为之坚持。但是，它会给我们带来很多好处，比如，提升自己的认知水平和素养，增加自己的信心和满足感，拓宽自己的视野和可能性。祛魅是一种对自我和世界的重新认识和定义，是一种对生活和未来的重新规划和设计。只有通过祛魅，我们才能真正做回自己，活出自己。

祛魅：你以为的真是你以为的吗？

祛魅小技巧

　　魅力往往是一种充满诱惑的幻象，它会让我们迷失自我，忘记自己的初心。我们要通过多阅读、思考、写作、交流等来提高自己的批判性思维能力，增强自己的独立性和创造性，培养自己的个性和风格。

第二章
对财富祛魅，正视金钱的价值和意义

> 在这个物欲横流的时代，金钱似乎成了衡量一切的标准。但是，真正的财富是什么？金钱的价值和意义又在哪里？通过对财富祛魅，我们不仅能更加理性地看待金钱，还能认识到它作为交换媒介和价值储存工具的本质，从而引导我们建立健康的金钱观，追求更有意义的人生目标。

祛魅：你以为的真是你以为的吗？

金钱并不是衡量幸福的唯一标准

> 幸福不仅仅在于拥有金钱；它在于成就的喜悦，在于创造努力的快感。
>
> —— 富兰克林·德拉诺·罗斯福

在当今社会，很多人都把金钱看作追求幸福的必要条件，甚至是唯一条件。他们认为只要拥有足够的财富，就能享受高品质的生活，就能实现自己的理想，能获得他人的尊重和认可。然而，这种对金钱的过分迷恋和崇拜，往往会导致一些负面的后果，比如忽视了自己的身心健康，牺牲了家庭和友情，失去了自我，甚至走向了犯罪和堕落的道路。

因此，我们有必要对财富进行一次祛魅，重新审视金钱在我们生活中的作用和意义。金钱虽然重要，但并不是衡量幸福的唯一标准。幸福是一种主观的感受，它取决于我们对自己和周围环境的认知和评价。有些人即使拥有了很多财富，却仍然感到空虚和不满，因为他们缺乏真正的爱情、友情、信任、尊重、自由、安全等。而有些人即使生活在贫困和困境中，却仍然感到快乐和满足，那是因为他们拥有坚强的意志、乐观的态度、感恩的心态、奉献的精神、创造的激情等。

我有一个朋友，叫小李。他是一个成功的企业家，创立自己的公司，拥有豪华的房子、车子。他每天都忙于工作，赚了很多钱，但是他并不感到快乐。相反，他觉得自己的生活没有意义，没有真正的朋友和爱人，只有一些和利益相关的人。他常常感到孤独和空虚，甚至有时候想要放弃一切。

我的另一个朋友，叫小王。他是一个普通的上班族，收入不高，住在一个小公寓里，开着一辆旧车。他每天都按时上下班，做着自己喜欢的工作。虽然他有时候也会遇到困难，感到有压力，但是仍然感到很快乐。他觉得自己的生活充满了意义，有一群真诚的朋友和一个爱他的妻子。他和朋友、家人经常一起分享快乐和悲伤。他常常感到满足和幸福，甚至有时候觉得自己是世界上最幸运的人。

你可能会问，为什么小李和小王对生活的感受如此不同？为什么拥有更多的财富的小李，却无法感到幸福？答案其实很简单，就是因为他们对财富的看法不同。小李认为财富是一切，是衡量自己价值和地位的唯一标准，所以他不断地追求更多的金钱，却忽略了自己内心的需要和感受。小王认为财富只是一种手段，是帮助自己实现梦想和目标的工具，所以他用合理的方式管理自己的金钱，更重视自己生活中的人和事。

我想说的是，并不是说金钱不重要，而是说金钱并不是衡量幸福的唯一标准。我们不能让金钱成为我们生活中的主宰，而应该让金钱成为我们生活中的伙伴和助手。我们应该对财富祛魅，厘清金钱能给我们带来什么，不能给我们

祛魅：你以为的真是你以为的吗？

带来什么。我们应该用心去感受生活中的美好和温暖，用爱去关怀生活中的人和物。这样我们才能找到真正属于自己的幸福。

当然，我们并不是要否定金钱的价值和作用，也不是要鼓励大家放弃追求财富。我们只是要提醒大家，在追求金钱的过程中，不要忘记自己真正想要的是什么，不要牺牲了自己最宝贵的东西。我们应该把金钱作为一种工具，而不是一种目标。我们应该用金钱来改善自己和他人的生活，而不是用金钱来定义自己和他人的价值。我们应该用金钱来实现自己的梦想，而不是用金钱来填补自己的空虚。

总之，对财富祛魅，并不是要否定或放弃金钱，而是要正确地对待和使用金钱。只有这样，我们才能真正地享受金钱带来的好处，同时避免掉入金钱带来的陷阱。只有这样，我们才能找到真正属于自己的幸福。

祛魅小技巧

对金钱的过分迷恋和崇拜，往往会导致忽视了自己的身心健康，牺牲了家庭和友情，甚至走向了犯罪和堕落的道路。因此，我们需对金钱祛魅，不能把金钱作为衡量幸福的唯一标准；不能让金钱成为我们生活中的主宰，而应该让金钱成为我们生活中的伙伴和助手。

不要以财富论英雄

> 财富并不是生命的目的,只是生命的工具。
>
> ——亨利·比彻

在当今社会,财富似乎成了衡量一个人成功与否的唯一标准:有钱就是有权,有钱就是有地位,有钱就是有尊严。我们常常听到这样的说法:他是亿万富翁,他是商界巨头,他是慈善家,他是英雄。我们也常常羡慕那些拥有财富的人,认为他们是幸运的,是优秀的,是值得尊敬的。我们甚至把财富当作自己追求的唯一目标,认为只要有了钱,就能解决一切问题,就能实现一切梦想。

但是,财富真的能代表一切吗?财富真的能带来幸福吗?财富真的能证明一个人的价值吗?我想给你讲一个故事,一个关于对财富祛魅的故事。

这个故事的主人公叫张辉。张辉是一个在农村出生的孩子,他从小就很聪明，很勤奋。他考上了北京大学，毕业后进入了一家知名外企工作。他工作努力，业绩优秀，很快就升职加薪，成了公司高管。他买了豪车豪宅，结婚生子，过上了让人羡慕的生活。起初，他觉得很幸福，认为自己很成功。

但是，随着时间的推移，张辉发现自己并不快乐。他每天忙于工作，没有时间陪伴家人和朋友。他的妻子对他越来越冷淡，他的孩子对他越来越陌生。他的同事和下属都在暗中争夺他的位置，他的上司和客户都在明目张胆地压榨他的利益。他感到巨大的压力，身心俱疲。他开始怀疑自己的选择，开始怀念自己过去的生活。

有一天，张辉接到了一个电话。电话里是他父亲沙哑的声音："儿子，你回来吧，你妈妈病得很重。"

张辉听到这个消息，心里一紧。他立刻请了假，买了机票，飞回了家乡。当他看到母亲躺在病床上时，眼泪不由自主地流了下来。

母亲虚弱地拉着他的手说："儿子，你终于回来了。我好想你啊。你在外面过得好吗？你还记得我们以前一起种田、放牛、摘果子、做饭、唱歌、玩闹的日子吗？那些日子多么快乐啊。"

张辉听着母亲的话语，心里像被刀割一样疼。他想起了自己和父母一起在农村生活的情景，那时候家里虽然穷苦，但是很温馨，很幸福；他想起了自己高中毕业后去北京读书的经历，那时候虽然艰辛，但是很充实，很快乐；他想起了自己大学毕业后刚进入外企工作的时光，那时候虽然辛苦，但是很有成就感，很自豪；他想起了自己后来追求财富的决定，那时候他以为财富能给自己带来更多的幸福，但结果是相反的，他发现自己远离了自己的初心，失去了自己的快乐。

张辉突然意识到，自己一直在追求的财富，其实并不是自己真正想要的东西。他真正想要的，是父母的健康，是妻子的相伴，是孩子的亲昵，是朋友的信任，是同事的尊重，是客户的满意，是社会的认可，是内心的平静。他明白了，财富只是一种手段，不是一种目的。财富只能给人带来物质上的享受，不能给人带来精神上的满足。财富只能证明一个人的能力，不能证明一个人的品格。财富只能让人成为有钱人，不能让人成为英雄。

张辉决定改变自己的生活方式。他辞去了高薪的工作，回到了家乡。他和父亲一起照顾母亲，和妻子一起教育孩子，和朋友一起创业，服务社区。他过上了一种简单而快乐的生活。他对财富祛魅了，也不再以财富论英雄了。

通过这个故事，大家是否有了一些启发和感悟。我也希望你们能对财富有一个正确和健康的看法，不要盲目地追求财富，不要把财富当作衡量一个人成功与否的唯一标准。要知道，一个人存在的价值不在于他拥有多少钱，而在于他为他人、为社会、为国家做了多少事情。一个人的幸福不在于他享受多少物质资源，而在于他拥有多么充盈的情感。这种对财富的盲目崇拜和追逐，实际上是一种错觉和迷失。有钱并不能拥有真正的快乐、友情、爱情和尊严。有钱也不一定就能成为一个有品德、有智慧、有贡献的人。相反，过分追求财富往往会让人变得自私、贪婪、冷漠和虚荣，失去了人性的光辉。

财富只是一种外在的资源，它不能代表一个人的内在的价值和品质。以财富论英雄，不仅会导致社会的不公平和不和谐，也会让人们忽视了真正的英雄所具备的素质，比如勇气、智慧、正义和奉献。

为了对财富祛魅，我想可以从以下三个方面来采取措施：

1. 财富并不稀缺，而是可以创造的

很多人认为财富是有限的，只有少数人能够获得，所以他们会用各种手段去争夺和攫取。但是，这种思维是短视的，也是错误的。财富并不是固定的，而是可以通过创新、创造和价值交换来增加的。只要有人愿意提供有用的产品或服务，就可以创造新的财富。因此，我们应该把精力放在如何提高自己的能力和价值方面，而不是一心想着如何抢占别人的资源。

2. 财富并不等同于幸福，而是可以带来幸福的条件之一

很多人认为财富可以带来一切，包括幸福、满足和安全感。但是，这种想法是片面的。财富虽然可以满足人类一些基本的物质和生活需要，但是它不能满足人类更深层次的心理和精神需要，比如自尊、自我实现和归属感。如果一个人只追求财富而忽略了其他方面的发展，他可能会变得孤独、空虚和焦虑。因此，我们应该把财富看作幸福的条件之一，而不是获得幸福的唯一手段。

3. 财富并不属于个人，而是属于社会

很多人认为财富是他们个人的私有财产，他们可以随心所欲地使用和支配。但是，这种观点是自私的，也是无视社会责任的。财富并不是一个人凭空创造的，而是依赖于社会支持和协作的结果。没有社会提供的基础设施、教育、法律和秩序等，一个人就无法创造和享受财富。因此，我们应该把财富看作社会的共同财富，而不是个人的私有财产。

总之，对财富祛魅，不要以财富论英雄，是一种正确和理性的态度。我们应该正确地看待财富的本质、作用和归属，并且用一种合理、健康和有益于社会的方式来获取、使用和分配财富。

祛魅小技巧

过分追求财富往往会让人变得自私、贪婪、冷漠和虚荣，失去了人性的光辉。财富并不是人生的全部，也不是衡量一个人价值的唯一尺度。因此我们要对财富祛魅，因为财富并不稀缺，而是可以创造的；财富并不等同于幸福，而是可以带来幸福的条件之一；财富并不属于个人，而是属于社会。

增加自身学识,创造属于自己的财富

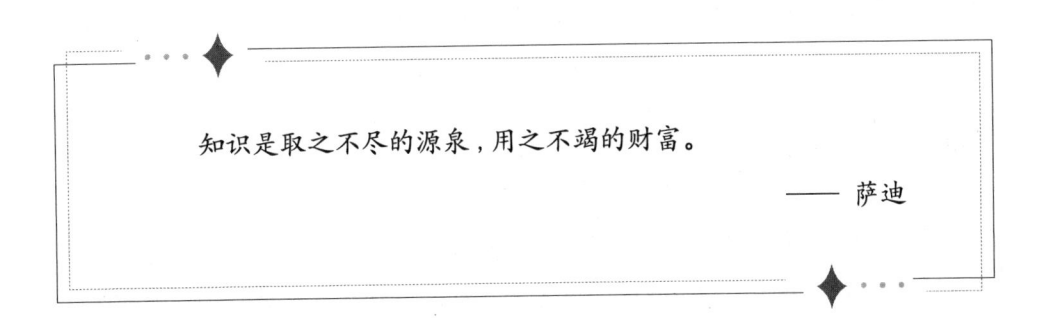

> 知识是取之不尽的源泉,用之不竭的财富。
>
> ——萨迪

在当今社会,知识就是力量,也是财富的源泉。如果我们想要在竞争激烈的市场中脱颖而出,就必须不断地提升自己的学识,拓宽自己的视野,掌握更多的技能和知识。这样,我们才能够抓住机遇,创造属于自己的财富。

那么,如何增加自身学识呢?这里有几个建议:

1. 要有学习的目标和计划

我们不能盲目地学习,而要根据自己的兴趣、专业和职业发展方向,制定合理的学习目标和计划。这样,我们才能有针对性地学习,提高学习效率和效果。

2. 要养成良好的学习习惯

我们要定期地安排学习时间，保持学习的持续性和规律性。同时，我们也要注意学习方法的选择和运用，比如利用碎片时间阅读、学习线上课程、加入学习社群等。我们还要及时地复习和巩固所学的知识，避免遗忘和浪费。

3. 要拓宽学习的渠道和资源

我们要多方面地获取知识和信息。我们可以阅读各类书籍、杂志、报纸、网络文章等，了解不同领域和行业的动态和趋势。我们也可以参加各种讲座、研讨会、培训班等，与专家和同行交流和分享经验和见解。我们还可以利用互联网平台，观看视频、听播客、浏览博客等，获取更多的知识和灵感。

在这里，我想让大家再看一个案例。

李磊是一个普通的上班族。他每天早上九点到下午五点，坐在电脑前，做着一些重复和无聊的工作。他的工资不高，也没有什么升职的机会。他的生活很平淡，没有什么激情和动力。他总是觉得自己没有什么特长和优势，也没有什么可以为之奋斗的目标。

有一天，他在网上看到一个广告，说是可以教他如何通过互联网赚钱，只要花一点时间和精力，就可以实现财务自由。他对这个广告很感兴趣，于是点了进去，发现是一个线上培训的网站。网站上有很多课程，涉及各个领域，比如编程、设计、营销、投资等。在一些大型专业的网站上还有很多成功的案例，说是有很多人通过学习这些课程，就能够在互联网上创造出自己的事业和收入。

李磊觉得这个机会很难得，于是决定报名一门课程试试。他在大型专业的教育网站上选择了一门关于编程的课程，因为他觉得编程是一种很有用、有前途的技能。他开始按照课程安排，每天花一两个小时，在线学习编程的基础知识和实践技巧。他发现编程并不是很难，只要有兴趣和耐心，就可以掌握很多有用的知识和技能。他还发现编程很有趣，他可以通过编程创造出很多有意思、有价值的东西。

渐渐地，李磊对编程越来越感兴趣，也越来越自信。他开始在网上承接一些编程的项目和任务，尝试用自己学到的知识和技能来解决一些实际的问题和需求。他发现有很多人需要编程的服务和帮助，而且愿意为此付出一定的报酬。他开始接受一些简单的项目和任务，用自己的空闲时间来完成，并且获得了一些满意的评价和报酬。

随着时间的推移，李磊的编程水平越来越高，也越来越有经验。他开始接受一些更复杂和更高级的项目和任务，并且能够以更高的质量和效率来完成。他发现自己不仅能够满足客户的需求和期望，还能提供一些额外的价值和建议。他开始收到更多的好评和推荐，并且能够获得更高的报酬。

最终，李磊实现了他的梦想。他成为一个自由职业者，可以自由地安排自己的时间和工作内容。他可以选择自己感兴趣和擅长的项目和任务，也可以拒绝自己不喜欢和不适合自己的项目和任务。他可以根据自己的能力和价值，来决定自己的收入和报酬。他可以在任何地方、任何时间，用电脑和互联网，来创造出自己的财富和价值。

这就是李磊的故事，一个关于通过增加自身学识，创造属于自己的财富的故事。这个故事告诉我们，只要有一个明确的目标，有一个强烈的动力，有一个正确的方法，有一个持续的行动，就可以实现我们想要的生活和梦想。互联网是一个充满机会和可能性的平台，只要我们愿意学习和努力，就可以利用它来改变我们的命运和未来。

那么，如何通过增加自身学识来创造属于自己的财富呢？这里有几个思路：

1. 利用自己的专业知识和技能，为他人提供有价值的服务或产品

我们可以根据市场需求和自己的优势，开展咨询、培训、设计、编程等各

种形式的工作或项目。我们也可以利用自己的创意和创新能力，开发新颖有趣的应用、游戏、工具等。这样，我们就能够通过自己的智慧和努力，赚取收入和利润。

2. 利用自己的知识储备和见识广度，为他人提供有价值的内容或信息

我们可以根据自己的兴趣和专长，创建并运营自己的博客、公众号、视频频道等平台。我们也可以根据自己的经历和感悟，撰写并出版自己的书籍、文章、故事等。这样，我们就能够通过自己的表达和传播，吸引大家的关注和支持。

3. 利用自己的学习能力和分析能力，为自己提供有价值的投资或理财方案

我们可以根据自己的风险偏好和收益预期，选择合适的投资、理财产品或项目。我们也可以根据自己的观察和判断，把握市场的机会和风险。这样，我们就能够通过自己的决策和行动，增加财富和收益。

总之，增加自身学识，创造属于自己的财富，是一件既有意义又有挑战的事情。我们要不断地学习和实践，才能够实现自己的目标和梦想。

祛魅小技巧

知识既是力量，也是财富的源泉，同时还是祛魅的有力工具。当你提升了自己的学识，拓宽了自己的视野，掌握了更多的技能和知识时，就能够对事物有更加敏锐的洞察力和独立思考能力。

不要总想不劳而获，一步步积累方是正道

> 不干，固然遇不着失败，也绝对遇不着成功。
>
> —— 邹韬奋

人生是一场旅程，每个人都有自己的目的地，也有自己的路线。有些人想要快速到达，有些人想要享受过程；有些人选择了平坦的大道，有些人选择了崎岖的小路；有些人靠着自己的努力，有些人靠着别人的帮助；有些人坚持着自己的原则，有些人随波逐流；有些人不断地学习，有些人停滞不前；有些人想全盘接收，有些人懂得取舍；有些人总是想着不劳而获，有些人则懂得一步步积累方是正道。

脚踏实地赚钱，这是一个普遍的道理，但也有一些人不以为然，想要通过投机取巧的方式来实现自己的梦想。今天，我要给大家讲一个故事。

祛魅：你以为的真是你以为的吗？

张明从小就不喜欢读书，也不愿意做任何辛苦的工作。他总是幻想着有一天能够中大奖，或者突然继承一笔遗产，或者遇到一位贵人，让他一步登天。他每天都在网上浏览各种各样的赚钱项目，希望能找到一个简单快捷的方法来实现他的目标。

有一天，他在网上看到一个广告，说是有一个成功的商人愿意免费教授他如何做生意，只要按照他的方法做，就能够轻松赚到大钱。张明心动了，他觉得这是一个千载难逢的机会，于是立刻报名参加了这个项目。

第二天，他按照约定的时间和地点，来到了一个写字楼里。那里已经有很多人在等待了，都是跟张明一样被广告吸引过来的。不久，一个穿着西装、打着领带的中年男子走进了会议室，自我介绍说他就是那个商人，叫作老王。

老王开始了他的演讲。他说，自己是从零开始创业的，经过多年的努力和经验积累，现在已经拥有几家公司，成功创立了自己的品牌。他今天来这里是为了分享他成功的秘诀，并且帮助大家实现财富自由。他有一个非常简单有效的方法，只要按照他的步骤操作，就能够在短时间内赚到很多钱。这个方法就是——传销。

张明听到这里，顿时感到失望和愤怒。他觉得自己被骗了，原来这个所谓成功的商人只是一个传销头目而已。他立刻想要离开这里，但是发现门已经被锁上了，而且房间周围都是老王的手下，不让任何人出去。老王继续说道："我知道你们中有些人可能对传销有些误解和抵触，但是我可以向你们保证，这是一个合法合规的项目，并且有很多优势和好处。比如：

- 你不需要任何资金投入，只要交纳一定的会员费，就可以成为我们的合作伙伴。
- 你不需要任何专业知识和技能，只要接受我们的培训和指导，就可以学会如何做生意。
- 你不需要任何固定的工作时间和地点，只要你有手机和网络，就可以随时随地招募新会员和销售产品。
- 你不需要承担任何风险和责任，只要你按照我们的规则和制度行事，就可以享受我们的保障和支持。
- 你可以获得无限的收入和发展空间，只要你努力工作，就可以不断提升你的级别和收益，甚至可以成为我们的领导者和股东。

你们看，这是多么美好和诱人的机会啊！你们只要加入我们，就可以实现你们的梦想，赚取你们想要的财富。你们还在等什么呢？快点行动吧！"

老王说完后，开始拿出一些表格和合同，让大家签字加入他的组织。他还拿出一些产品，说这是他们独家代理的产品，有很多神奇的功效，让大家购买和推广。他还拿出一些照片和视频，说这是他们公司成功的客户，有很多人通过他们的项目，实现了财富自由和幸福生活。

张明看到这些，心里更加反感和厌恶。他知道这些都是传销的常用手段和伎俩，旨在洗脑和诱骗无知和贪婪的人。他觉得自己不能再待在这里了，他必须想办法逃出去。他开始寻找机会，看一看四周有没有什么突破口。他发现有一个窗户是开着的。于是，他假装去窗口抽烟，观察了一下，是否可以从窗户逃出去。他发现窗户外面有一个消防梯。他决定趁老王不注意的时候，偷偷地从窗户逃出去。

就在这时，老王突然发现了张明的动向。他大声喊道："你想干什么？你想跑吗？你不要妄想了，你已经被我们盯上了，你再也逃不掉了！你要是敢跑，我们会让你付出惨重的代价！"

张明听到这些话，更加坚定了他的决心。他觉得自己不能再听这个骗子的胡言乱语了，他必须尽快离开这个地方。他对老王说道："我不会加入你们的传销组织，我不会被你们洗脑和欺骗。我知道传销是违法和危害社会的行为，我不会跟你们沾上任何关系。我要走我的路，我要赚我的钱。我要靠自己的努力和诚信来实现我的梦想。"

祛魅：你以为的真是你以为的吗？

说完这些话后，张明毫不犹豫地跳下了窗户，并且爬上了消防梯。他成功地逃离了那个恐怖的地方，并且报了警。警察很快赶到现场，并且将老王和他的手下全部抓捕归案。张明也被警察带走了，并且作为证人提供了相关证据。

后来，张明得知老王和他的手下已经被判处重刑，并且被没收所有的财产和资产。而张明则因为勇敢地揭露了传销罪行，获得警方表扬，并且得到了一笔奖金。

此时，张明终于醒悟，不能总想着不劳而获，赚钱需要一步步积累。任何天上掉馅饼的事情，都是骗局。

在现实生活中，我们经常看到一些人想要通过投机取巧、欺诈或者剥削他人的方式来获取财富，而不愿意付出努力和汗水。这样的行为不仅是对自己的不负责，也是对社会的不公平。为什么呢？我们可以从以下三个方面来分析总结：

1. **不劳而获违背了市场经济的基本规律**

市场经济是建立在自由竞争、效率优先、价值创造的基础上。每个人都应该根据自己的能力和喜好，选择合适的职业和行业，通过提供有用的产品或服务来创造价值，从而获得相应的收入。这样才能保证资源的合理配置，促进社会的进步和发展。如果有人想要不劳而获，就会破坏市场的正常运行，导致资源的浪费和低效，影响社会的整体福利。

2. **不劳而获损害了社会的公平和正义**

社会是由无数个体组成的，每个个体都有自己的权利和义务，也都应该遵守社会的规则和法律。如果有人想要不劳而获，就意味着他们要侵占他人的劳动成果，或者利用他人的弱点和困境来牟取暴利。这样的行为不仅是对他人的不尊重和侵犯，也损害了社会的公平和正义。它会导致社会的分化和对立，破坏社会的和谐和稳定。

3. 不劳而获影响了自己的品德和成长

人生是一个不断学习和成长的过程，每个人都应该有自己的目标和理想，通过努力工作和学习来实现自己的价值和梦想。这样才能培养自己的能力和素质，提高自己的幸福感和满足感。如果有人想要不劳而获，就会失去自己的动力和方向，变得懒惰和消极，甚至沉溺于享乐和贪婪。这样的生活不仅是空虚和无意义的，也是危险和悲哀的。

综上所述，我们可以得出一个结论：不劳而获不可取，赚取财富需要脚踏实地。这是一个符合经济学、道德学、心理学等多个学科的普遍真理。我们应该牢记这一点，并且在日常生活中践行这一原则。只有这样，我们才能成为一个有价值、有尊严、有幸福的人。

祛魅小技巧

不劳而获，是对自己的不负责，也是对社会的不公平。因为不劳而获既违背了市场经济的基本规律，损害了社会的公平和正义，也影响了自己的品德和成长。

祛魅：你以为的真是你以为的吗？

以财富为友，而不是成为财富的奴隶

> 如果你懂得使用，金钱是一个好奴仆，如果你不懂得使用，它就变成你的主人。
>
> —— 马克·吐温

你是否曾经感到，你的生活被金钱所主宰？你是否为了赚钱而牺牲了你的健康、家庭和兴趣？你是否觉得，你的幸福取决于你的收入和财产？如果你的答案是肯定的，那么你可能已经成为财富的奴隶。

财富的奴隶是指那些过分追求和依赖金钱的人。他们认为，金钱是一切，没有金钱就没有价值。他们为了赚更多的钱，不惜付出任何代价，甚至违背自己的良心和道德。他们忽视了自己的身心健康，忽视了与亲友的关系，甚至忽视法律的底线。他们只关心自己的利益，不关心社会的公平和正义。

财富的奴隶并不真正拥有财富，而是被财富所控制。他们并不真正享受财富,而是被财富所折磨。他们并不真正幸福,而是被财富所困扰。他们活得并不自由,而是活在财富的阴影下。

那么,我们应该如何对待财富呢?我们应该以财富为友,而不是成为财富的奴隶。以财富为友,意味着我们要正确地看待和使用金钱。我们知道,金钱只是一种工具,它可以帮助我们实现目标和理想,但它不是目标和理想本身。我们知道,金钱只是一种资源,它可以提高我们的生活水平和品质,但它不是生活水平和品质本身。我们知道,金钱只是一种媒介,它可以增进我们与他人的交流和合作,但它不是交流和合作本身。

以财富为友,意味着我们要合理地规划和分配金钱。我们根据自己的能力和需求,制订一个合适的收入和支出计划。我们既不过度节俭,也不过度挥霍。我们既不忽略未来的储蓄和投资,也不忽略当下的消费和享受。我们既不拒绝合理的风险和机会,也不追求不切实际的利润和回报。

以财富为友,意味着我们要有节制地追求和获取金钱。我们在追求金钱的同时,也需注重自己的健康和快乐。我们在获取金钱的同时,也需履行自己的良知、道德和责任。我们在享受金钱的同时,还需保持自己的谦虚、感恩和慈善。

我从小就很喜欢钱,觉得钱能给我带来快乐和自由。我努力学习,考上了好大学,毕业后先是进入内蒙古自治区一家报社当了记者,后来跳槽到一家知名的跨国公司。我以为我已经成功了,只要继续努力工作,就能赚到更多的钱,实现我的梦想。

但是,我很快就发现,我并不快乐。我每天工作十几个小时,没有时间和家人朋友相处,没有时间做自己喜欢的事情。我只是为了赚钱而工作,而不是为了实现自己的价值而工作。我成了财富的奴隶,而不是财富的朋友。

有一天,我突然生病了,住进了医院。医生告诉我,我得了严重的心脏病,

祛魅：你以为的真是你以为的吗？

需要休息和调养。我想起了我的父母，他们已经老了，但是我很少陪他们。我想起了我的朋友，他们都有自己的生活，但是我很少联系他们。我想起了我的梦想，那些想去旅行、想去学习、想去创造的梦想，但是我一直没有时间去实现。

我突然意识到，我错了。钱并不能给我带来真正的快乐和自由。钱只是一种工具，一种手段，而不是一种目的。钱只能满足我的物质需要，而不能满足我的精神需要。钱只能让我拥有更多的东西，而不能让我拥有更多的感情。

于是，我决定改变我的生活方式。我辞掉了工作，开始专心写作，做自己喜欢的事情。我开始陪伴我的父母，联系我的朋友，尝试实现我曾制定的梦想。我开始以财富为友，而不是成为财富的奴隶。

现在，我感觉很幸福。虽然我的收入没有以前那么高，但是我的生活质量却比以前提高了很多。我有更多的时间和精力去享受生活的美好。我有更多的机会和可能去发现自己的潜能。我有更多的信心和勇气去追求自己的理想。

我们总说要以财富为友，而不是成为财富的奴隶。那么我们该如何做，如何以财富为友呢？

首先，要以财富为友，我们需要明确自己的目标和价值观，不要盲目地追求金钱，而要追求自己真正想要的生活。

其次，要以财富为友，我们需要合理地规划和管理自己的财务状况，不要过度消费或者过度节省，而要找到一个平衡点。

最后，要以财富为友，我们需要有一个健康和积极的心态，不要把金钱看作一种衡量自己或者他人的标准，而要把金钱看作一种资源和机会。

总之，以财富为友，就是让金钱成为我们生活中的一部分，而不是让金钱充斥我们的生活。以财富为友，就是让金钱成为我们幸福的助力，而不是让幸福成为金钱的牺牲品。以财富为友，就是让金钱成为我们自由的伙伴，而不是让自由成为金钱的奴隶。

祛魅小技巧

当你用收入和财产作为衡量幸福的唯一标准时,你就会成为财富的奴隶,你的生活就会被金钱所主宰,就会为了赚钱而牺牲了你的健康、家庭和兴趣。因此,你要对财富祛魅,你要以财富为友,要正确地看待和使用金钱。

祛魅：你以为的真是你以为的吗？

教育孩子，不能灌输金钱至上的观念

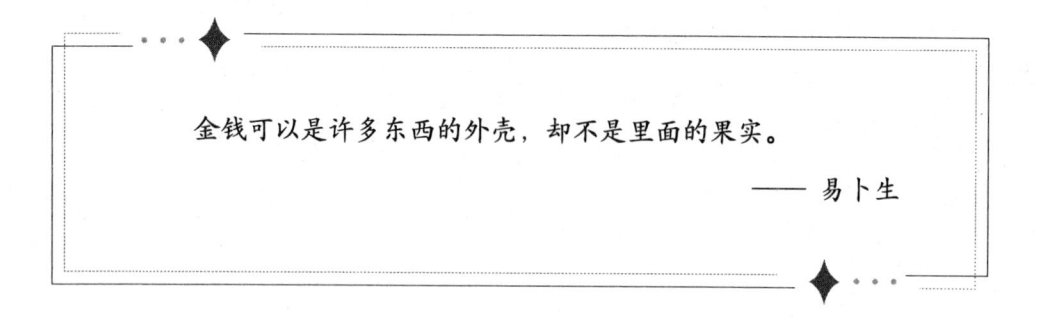

> 金钱可以是许多东西的外壳，却不是里面的果实。
>
> ——易卜生

很多家长为了让孩子有一个美好的未来，就不惜用各种方式培养孩子的金钱观，甚至在孩子很小的时候就教他们如何赚钱、如何理财、如何投资。这样的教育方式，虽然看似为孩子打开了一扇通向成功的大门，但实际上却可能给孩子带来很多负面的影响。

我们应该让孩子明白，金钱只是生活的一部分，而不是生活的全部。我们应该让孩子知道，金钱可以带来物质上的满足，但是不能带来精神上的幸福。我们应该让孩子认识到，金钱虽然重要，但更重要的是人格、品德、情感、理想等方面的修养。只有这样，我们才能培养出健康、快乐、有爱心、有责任感的下一代。

我的侄子乐乐今年十岁。他是一个聪明可爱的孩子，但是他有一个缺点，就是太过于看重金钱。他总是想要买最新、最贵的玩具、衣服、电子产品，而不管自己是否真的需要或喜欢。他也不愿意和别的孩子分享自己的东西，甚至有时候会拿走别人的东西，说是自己买的。

他爸爸妈妈很担心他的这种行为，觉得他缺乏道德和同情心，也不会感恩和珍惜。他们尝试用各种方法来教育他，比如给他讲道理、给他设定规则、给他奖励或惩罚，但是都没有什么效果。他总是说："钱就是一切，有了钱就可以做任何事情，没有钱就什么都不是。"

有一天，乐乐爸爸带着乐乐去参加一个慈善活动，慈善活动的目的是帮助一些生活困难的孤儿。他们到了孤儿院，看到了那些穿着破旧衣服、面带笑容的孩子。他们虽然没有父母、没有家、没有玩具，但是他们却很乐观、很友好、很互助。他们用自己的双手制作了一些小礼物，送给这些来访的客人。乐乐收到了一个用废纸做的风车，上面写着"谢谢你"。

乐乐看着这个风车，一开始觉得很不屑，觉得这就是废纸和破烂。但是当他看到那个送给他风车的孩子的眼神时，他突然感觉到了一种从未有过的感动。那个孩子用他那清澈的眼睛看着乐乐，仿佛在说："你是我的朋友，我很高兴认识你。"

乐乐突然觉得自己很自私、很无知、很幼稚。他意识到了金钱并不是一切，也不能带来真正的快乐和友谊。他决定要改变自己的观念和行为，要学会尊重和爱护别人，要学会感恩和珍惜。

通过我侄子乐乐的这件事情，希望能够给家长们一些启示和反思。教育孩子，不能给他们灌输金钱至上的观念。我认为，作为父母，我们不仅要给孩子物质上的满足，更要在精神上给孩子树立榜样。我们要让孩子知道，生活中有很多比金钱更重要更美好的东西，比如爱、友情、信任、责任、公平、正义等。

我们要让孩子学会用心去感受这个世界，用爱去对待这个世界。只有这样，我们的孩子才能成长为一个有道德、有品格、有幸福的人。

为什么教育孩子不能灌输金钱至上的观念呢？

1. 灌输金钱至上的观念会影响孩子正确价值观的形成和人格发展

孩子会认为金钱是衡量一切的标准，而忽视了道德、品德、情感、创造力等更重要的素质。孩子会变得功利、自私、冷漠，甚至不惜牺牲他人的利益来追求金钱。

2. 灌输金钱至上的观念会限制孩子的兴趣和潜能

孩子会被迫选择那些能够赚钱的专业和职业，而不是根据自己的兴趣和特长来发展。孩子会失去对学习和探索的热情，只关注于考试成绩。孩子会缺乏创新和创造力，只能按部就班地完成任务。

综上所述，教育孩子，不能灌输金钱至上的观念。我们应该教育孩子，金钱只是生活中的一种工具，而不是生活的目的。我们应该教育孩子，追求真善美，实现自我价值，为社会贡献福祉，才是人生的意义所在。

祛魅小技巧

我们教育孩子，不能灌输金钱至上的观念。我们要让孩子明白，金钱只是生活的一部分，而不是生活的全部；金钱可以带来物质上的满足，但是不能带来精神上的幸福；金钱虽然重要，但更重要的是人格、品德、情感、理想等方面的修养。

第三章 对权威祛魅,过度迷信权威会迷失自我

> 权威在我们的生活中无处不在,从古至今,人们常常将权威视为决策的指南针。然而,当我们过度迷信权威时,我们可能会失去批判性的思维能力,甚至迷失自我。每个人都要学会识别和质疑那些被广泛接受但未必正确的权威观点,从而培养出更加独立和自主的思考能力。

了解权威，了解权威的类型与特征

> 不要迷信权威，人云亦云，要树立独立思考的科学精神。
>
> —— 谈镐生

首先，我们需要知道，权威是什么？

权威是一种社会现象，指的是某个人或组织因为其专业知识、经验、地位、声望等因素而获得他人的信任和服从。权威不一定是强制性的，也不一定是正当的，但它通常具有影响力和说服力。

马克斯·韦伯等社会学家在研究社会权力结构等问题时，就对权威的类型等进行过深入探讨，为后来的权威分类研究奠定了基础。后续的学者们在其理论基础上不断拓展和细化，结合不同学科领域的知识和实际观察，形成了如上述按照来源、范围、形式等不同维度的权威分类方法。权威有哪些类型和特征？根据不同的划分标准，权威可以有不同的分类方法。

- 按照来源可以分为法定权威、道德权威、知识权威、技能权威等。
- 按照范围可以分为全面权威、局部权威、临时权威等。
- 按照形式可以分为显性权威、隐性权威、潜在权威等。

不同类型的权威具有不同的特征,例如法定权威通常依赖于法律规范和制度安排,道德权威通常依赖于价值观和道德准则,知识权威通常依赖于专业水平和学术成就,技能权威通常依赖于实践能力和操作效果等。

在这里,我们讲一个故事。这是一个关于医生和病人的故事。

有一天,一个年轻男子因为胸痛来医院看病。他遇到了一个年长的医生,医生对他进行了一系列检查,并告诉他,他患有心脏病,需要立即进行手术。

男子听了非常惊慌。他不相信自己会得心脏病,他觉得医生是在骗他。他拒绝接受手术,并要求更换另一名医生为其检查。

门诊主任了解情况后,安排另一个年轻医生来给男子看病。

年轻医生对男子进行了一系列检查,得出了同样的诊断。

但是,他没有直接告诉男子他需要手术,而是先向他解释了心脏病的原因、症状、危害和治疗方法,并向他展示了一些相关的资料和案例。然后,他问男子是否愿意接受手术,并告诉他手术的成功率和风险。

男子听了这个年轻医生的解释后,感受到了他的专业性和诚意,也明白了自己的病情和治疗方案。他同意接受手术,并对这个年轻医生表示感谢。

这个故事说明什么?它说明,两个医生虽然都是知识权威和技能权威,但是在与病人沟通时却表现出不同的效果。年长的医生可能认为凭借自己的资历和经验就可以获得病人的信任和服从,但是忽略了病人的心理需求和情感反应。年轻医生则更加注重与病人建立信任和理解的关系,通过提供信息和解释来增强自己的权威,并尊重病人的意愿和选择。这个故事说明,权威不是一成

祛魅：你以为的真是你以为的吗？

不变的，需要根据不同的情境和对象来调整和展现。

  总之，权威是一种复杂而有趣的社会现象，它既有利于社会秩序和协作，也可能导致社会冲突和抵抗。我们应该正确理解和运用权威，既要尊重他人的权威，也要维护自己的权威。

祛魅小技巧

  树立权威的方式多种多样，要根据不同的情境和对象来调整和实施。比如，可以利用个人或组织的专业知识、经验、地位、声望等来获得他人的信任和服从，进而树立权威。

权威的滥用会有什么后果

> 把权威赋予人等于引狼入室。因为欲望具有兽性。纵然最优秀者,一旦大权在握,总倾向于被欲望的激情所腐蚀。
>
> —— 亚里士多德

权威本身并没有好坏之分,它可以用于正义的目的,也可以用于邪恶的目的。滥用权威,就是指那些拥有权威的人或组织,为了自己的私利或其他不正当的动机,滥用自己的权威,侵犯他人的利益和尊严,甚至造成社会的动荡和危机。

今天我们来看一个很具有普遍性的案例。

这是发生在一个小公司里的事情。

这个公司的老板是一个自以为是的人,他总是对员工发号施令,不顾他们的感受和意见。他认为自己是最聪明、最有能力的人,所以他可以随意指挥和

祛魅：你以为的真是你以为的吗？

批评员工，甚至有时候还会辱骂和威胁他们。他觉得这样做可以增强员工的服从性，让他们更听话。

但是，他的做法并没有达到他想要的效果，反而引起员工的不满和反抗。员工们觉得老板不尊重他们，不理解他们的困难和需求，不给他们足够的信任和自由。

他们开始对老板失去信心和尊敬，甚至有些人开始怀疑自己的能力和价值。员工们的士气和积极性都大大降低，他们只是为了拿工资而勉强工作，没有任何热情和创意。有些员工甚至开始私下寻找其他工作机会，准备离开这个公司。

这个公司的业绩和声誉都受到了严重的影响。老板发现自己越来越难以管理这个公司，他也感到了压力和焦虑。他开始反思自己是不是做错了什么，为什么员工都不支持他，为什么客户都对他不满意。

他想改变一些事情，但是又不知道从哪里开始。他也不愿意承认自己的错误。他陷入一个恶性循环，无法摆脱。

这个故事告诉我们，滥用权威会带来很多负面的后果，不仅会伤害员工的感情和信心，也会损害公司的利益和形象。一个好的领导者应该懂得如何合理地使用权威，既要有决策和指导的能力，也要有倾听和沟通的技巧。一个好的领导者应该尊重员工的个性和意见，给予他们充分的信任和自由，激发他们的潜能和创造力。一个好的领导者应该能够接受批评和建议，勇于改正自己的错误和缺点，不断地学习和进步。

滥用权威会有什么后果呢？我们可以从个人、群体和社会三个层面来进行分析：

1. 个人层面

滥用权威会对受害者造成严重的伤害。这些伤害可能是物质的，比如财产损失、身体伤害等；也可能是精神的，比如心理创伤、自尊受损等。受害者可能会对加害者失去信任、安全感和幸福感，甚至产生恐惧、愤怒和仇恨等负面情绪。这些情绪会影响他们的正常生活、工作和人际关系，甚至导致更严重的后果，比如自杀、报复等。

2. 群体层面

滥用权威会破坏群体的凝聚力和合作性。当一个群体中存在滥用权威的现象时，群体成员可能会感到不公平、不被尊重和不满意，从而导致群体内部存在冲突和分裂。群体成员可能会失去对权威的信任和服从，甚至反抗和抵制权威。这样，群体就难以形成有效的沟通、协调和协作，难以实现群体的目标和利益。

3. 社会层面

滥用权威会影响社会的稳定和发展。当社会中存在滥用权威的现象时，社会秩序可能会受到破坏，社会公平和正义可能会受到挑战，社会价值观和道德观念可能会受到侵蚀。社会成员可能会对社会制度和规则产生怀疑和不满，甚至引发社会运动和革命。这样，社会就难以保持和谐、安全和进步。

综上所述，滥用权威是一种严重的社会问题，它会对个人、群体和社会造成各种负面的后果。因此，我们应该警惕并防止滥用权威，同时也应该尊重并监督权威，使其能够合理、有效地履行其职责和义务。

祛魅小技巧

一个好的领导者应该懂得如何合理地使用权威，既要有决策和指导的能力，也要有倾听和沟通的技巧；应该尊重员工的个性和意见，给予他们足够的信任和自由，激发他们的潜能和创造力；应该能够接受批评和建议，勇于改正自己的错误和缺点，不断地学习和进步。

权威也非绝对正确，要有自己的判断力

> 我们不能盲目地接受过去认为的真理，也不能等待"学术权威"的指示。
>
> —— 丁肇中

在当今社会，权威的声音无处不在，无论是政治、经济、科学、教育还是其他领域，我们都习惯于听从权威的意见和指导，认为他们是正确的、可信的、有价值的。但是，我们是否应该盲目地接受权威的观点，而不去思考和质疑呢？我认为，要对权威祛魅，因为权威也非绝对正确，每个人都要有自己的判断力。

对权威祛魅，是指不把权威看作神圣不可侵犯的存在，而是把他们视为普通人，有着自己的立场、观点、利益和局限性。这并不是说要否定或反对权威，而是要理性地分析和评价权威的观点，不盲从、不崇拜、不畏惧。对权威祛魅，有利于我们保持独立思考的能力，避免被权威的话语所左右或误导。

要有自己的判断力，这是我们作为一个理性的个体应该具备的素质。我们不能过度依赖权威的说法，而要自己去观察、思考、分析和判断。我们要学会批判性思维，即在接收任何信息之前，都要问问自己：这个信息是否可靠？这个信息是否有证据支持？这个信息是否有逻辑上的漏洞？这个信息是否符合常识？这样做可以帮助我们筛选出真实和有用的信息，避免被虚假和无用的信息所迷惑。

20世纪60年代，美国正处于冷战时期，与苏联展开了激烈的太空竞赛。美国政府为了赶超苏联，投入了大量的资源和人力，进行了一系列的太空计划。其中最著名的就是阿波罗计划，目标是将人类送上月球。

阿波罗计划由美国国家航空航天局（NASA）负责执行，NASA是一个享有极高声誉和权威的机构，拥有众多科学家。NASA对外宣称，阿波罗计划是安全可靠的，有充分的技术保障和后备方案。然而，在阿波罗计划的实施过程中，发生了一起惨烈的事故，导致三名宇航员丧生。

1967年1月27日，阿波罗1号飞船进行发射前的测试。维吉尔·格里森、爱德华·怀特和罗杰·查菲穿着宇航服，进入飞船舱内，准备进行一系列的模拟操作。然而，在测试过程中，飞船内部突然发生火灾。由于飞船内部充满了高压氧气，火势迅速蔓延，并产生了剧烈爆炸。三名宇航员被困在飞船内部，无法逃生。他们想打开飞船舱门，但由于设计缺陷，飞船舱门只能从外部打开。他们想向地面控制中心求救，但由于通信系统故障，地面控制中心无法听到他们的声音。最终，在火灾持续了约17分钟后，三名宇航员全部死亡。

这起事故震惊了美国乃至全世界。人们开始质疑NASA的权威和可信度。为什么NASA没有预见到这样的危险？为什么NASA没有采取有效的预防措施？为什么NASA没有及时救援三名宇航员？这些问题引发了一场公众对

祛魅：你以为的真是你以为的吗？

NASA 的审判。

在事故调查过程中，人们发现了许多惊人的事实。原来，在阿波罗 1 号飞船上，存在 1400 多个设计缺陷和技术问题。其中包括：飞船内部使用了易燃材料；飞船舱门设计不合理；飞船内部氧气压力过高；飞船通信系统不稳定；飞船电路系统存在短路的可能性，等等。这些问题都是导致火灾发生的直接或间接因素。而且，这些问题在事故发生之前，就已经被一些工程师和宇航员发现并反映给 NASA 高层。但是，NASA 高层没有重视这些问题，甚至有意掩盖和隐瞒这些问题。他们为了赶进度，为了保住 NASA 声誉，为了应对政府的压力，牺牲了安全和质量，最终导致事故的发生。他们对外宣称阿波罗计划是安全可靠的，实际上却是在玩火。

这起事故给我们带来了深刻的教训。我们不能盲目地相信权威，不能无条件地服从权威，更不能缺乏对权威的批判和监督。我们要对权威祛魅。权威也并非绝对正确，我们要有自己的判断力。只有这样，我们才能避免重蹈覆辙，才能维护自己和他人的利益和安全。

为什么我们非要对权威祛魅呢？

1. 权威并不总是正确的

历史上有很多例子可以证明这一点。例如，中世纪时期，拥有广大教众的教会很有权威。教会宣称地球是宇宙的中心，而太阳和其他行星都围绕地球转动。这个观点被广泛接受，直到哥白尼、伽利略等科学家用实验和观测推翻了它。又如，20 世纪初，德国纳粹党领导人希特勒被许多德国人视为民族英雄和救星，他利用自己的权威地位和影响发动了第二次世界大战，并犯下了种族灭绝等反人类的罪行。这些例子说明，权威并不一定代表真理和正义，有时甚至会误导和欺骗我们。

2. 对权威进行祛魅有利于我们的成长和进步

如果我们总是盲从权威，就会失去自己的主动性和创造性，变成被动的接受者和执行者。这样不仅会限制我们的思想空间和行动自由，也会阻碍我们的知识积累和能力提升。相反，如果我们能够对权威进行合理的质疑和批判，就会激发自己的好奇心和求知欲，促进自己的学习和探索，增强自己的分析和判断能力。这样不仅会拓宽我们的视野和见识，也会促进我们的个人发展和社会进步。

3. 对权威进行祛魅需要有一定的条件和方法

首先，我们要有正确的价值观和道德观，不要被错误或有害的权威蒙蔽或诱惑。

其次，我们要有充分的信息和知识，不要被片面或虚假的权威误导或欺骗。

再次，我们要有适当的方式和渠道，不要用暴力或恶意来对抗或攻击权威。

最后，我们要有合理的尺度和界限，不要过分地怀疑或否定权威。

总之，对权威进行祛魅是一种必要而有益的行为，它可以帮助我们保持自己的独立性和创造性，促进我们的成长和进步。但是，我们也要注意遵循一定的条件和方法，不要盲目或过度地对权威进行祛魅，而要有自己的判断力和批判性思维。

> **祛魅小技巧**
>
> 权威也是普通人，有着自己的立场、观点、利益和局限性。对权威祛魅，有利于我们保持独立思考的能力，避免被权威的话语所左右或误导。因此，我们要理性地分析和评价权威的言行，不盲从、不崇拜、不畏惧。

过度迷信权威，将会被规则化

> 不要在任何权威下屈服，并且，不论任何有信用的学说，除非先经自己研究审查，否则绝不接受。
>
> —— 屠格涅夫

　　这是一个常见的社会现象，也是一个值得深思的问题。为什么有些人总是盲目地听从权威的指示，不敢质疑或反抗？为什么有些人总是想要成为权威，控制他人的思想和行为？这些问题背后，反映了一种对权威的过度依赖和崇拜现象，也暴露出部分人对自我和他人的缺乏尊重和信任。

　　过度迷信权威，不仅会损害个人的自由和创造力，也会影响社会的进步和发展。当人们只知道遵从权威，而不加以思考和判断，他们就会失去自己的主观能动性，变成被动的、机械的、僵化的存在。当人们只知道追随权威，而不知道批评和改进，他们就会放弃自己的创新精神，陷入保守的、落后的、停滞的状态。当人们只知道服从权威,而不知道反抗和变革,他们就会忽视自己的权利和义务,沦为奴隶的、屈服的、沉默的群体。

过度迷信权威,也会导致社会的不公平和不和谐。当权威成为绝对的、不可挑战的、不可改变的,那么他们就会滥用自己的权力,压迫和剥削他人。当权威成为唯一的、不可替代的、不可竞争的,那么他们就会垄断自己的资源,排斥和打压他人。当权威成为神圣的、不可亵渎的、不可置疑的,那么他们就会强加自己的意志,同化和消灭他人。

杜飞是一家大型国有企业的员工。他总是听从上级的命令,不管是合理的还是不合理的,他从不会提出异议。他认为这样做可以保证自己的安全和前途,因为他相信权威总是正确的。

然而,他的这种态度并没有给他带来好处,反而让他陷入困境。有一次,上级让他去做一个重要项目,但是没有给他足够的时间和资源。杜飞不敢拒绝,也不敢向领导请求帮助,只能勉强应付。结果,项目失败了,杜飞也被客户投诉,公司受到了损失。杜飞的上级为了推卸责任,把所有的过错都推到了杜飞身上,让他成了替罪羊。杜飞被开除了,失去了工作和收入。

杜飞为此感到非常委屈和绝望,他不明白自己为什么会遭到这样的待遇。他觉得自己一直都是一个忠诚和服从的员工,为什么权威会背叛他?他开始怀疑自己的价值和信念,感到自己被规则化了,失去了自我和尊严。

杜飞的故事告诉我们,不能过度迷信权威。我们应该保持自己的独立思考和判断能力,不要盲目地服从和崇拜权威。我们应该敢于质疑和反抗不合理和不公正的命令和规则。我们应该为自己的行为和选择负责,而不是盲目地跟随别人。只有这样,我们才能维护自己的利益和尊严,才能实现自己的价值。

为什么我们会对权威有如此盲目的信任?是因为我们缺乏自己的判断力

吗？还是因为我们害怕与权威发生冲突？或者因为我们习惯了服从和依赖？无论哪种原因，都说明我们的思维方式存在严重的缺陷。我们应该如何改变这种状况？我认为，可以从以下三个方面入手：

1. 培养自己的批判性思维

批判性思维是指能够独立地分析和评价信息、观点和论据的能力。有了批判性思维，我们就不会轻信权威的话语，而是会用理性和逻辑去检验它们的真实性和合理性。我们也会更加敢于提出自己的看法和质疑，而不是盲从和迎合权威的观点。

2. 增强自己的自信心

自信心是指对自己的能力和价值的肯定和信任。有了自信心，我们就不会因为害怕失败或被拒绝而放弃自己的主张和选择。我们也会更加坚持自己的原则和底线，而不是随波逐流和妥协。

3. 拓宽自己的视野

视野是指对事物认识和理解的广度和深度。拓宽视野，可以让我们接触到更多的知识和信息，增加我们的见识和判断力。也可以让我们了解到不同的观点和立场，增进我们的包容和沟通。

祛魅小技巧

过度迷信权威，会让我们丧失自己的独立思考和判断能力。对权威祛魅，我们要培养自己的批判性思维，增强自己的自信心，拓宽自己的视野。

祛除滤镜，你会发现权威也是普通人

> 在真理和认识方面，任何以权威者自居的人，必将在上帝的戏笑中垮台！
>
> ——爱因斯坦

在当今社会，我们经常被各种各样的滤镜所包围，无论是社交媒体上的美颜滤镜，还是新闻媒体上的舆论滤镜，甚至我们自己心中的偏见滤镜。这些滤镜让我们看不清真实的世界，也让我们对一些权威人士产生了不切实际的期待或恐惧。我们可能会认为他们是完美无缺的，或者邪恶无比的，而忽略了他们也是普通人，有着自己的优点和缺点，情感和理性，动机和目标。

我认为，我们应该尽量祛除这些滤镜，用客观和理性的眼光去看待权威人士，不要盲目地崇拜或反对他们，而要分析他们的言行和所处的背景，了解他们的立场和价值观，评估他们的贡献和影响。这样，我们才能真正地理解他们，

祛魅：你以为的真是你以为的吗？

也能更好地与他们沟通和合作，或者向他们提出合理的批评和有效的建议。

记得我刚当记者的时候，有一次去参加一个学术会议。我一直很敬佩某位著名教授，他在我的研究领域有着杰出的贡献和影响力。我把他当作我的偶像，很崇拜他。我一直想见到他，向他请教，甚至想和他合作。当我得知他将出席这次会议，并且做主题报告时，我非常激动，觉得这是一个千载难逢的机会。

会议当天，我提前到达会场，找了一个靠前的座位，准备聆听他的报告。我期待着他能够提出一些新颖的观点和方法，给我带来启发和震撼。然而，当他走上讲台，开始演讲时，我却感到了失望。他的报告内容并没有什么新意，甚至有些陈词滥调。他的陈述也不是我想象中的那种严谨和睿智，而是有些傲慢和教条。他对在场相关学者的一些提问也没有给出满意的回答，而是用一些模棱两可的话敷衍了事。

我不敢相信，这就是我心目中的权威，他此刻的行为和我想象中的完全不一样。我开始怀疑自己的判断，甚至怀疑他的学术水平。我觉得自己被骗了，被一个虚假的形象所迷惑。我感到非常沮丧和失落。

后来，我在会议期间又遇到了他几次。我发现他其实也是一个普通人，有着自己的优缺点，喜怒哀乐。他也有自己的困惑和挑战，也需要不断地学习和进步。他并不是一个完美无缺的神话人物，而是一个有血有肉的真实人物。

我渐渐地理解了他，也理解了自己。我意识到自己之前对他有着过高的期待和过分的崇拜，给他涂上了一层完美的滤镜，忽略了他是一个真实的个体。我也意识到自己不能盲目地跟随别人，而要有自己的判断和思考。我要祛除滤镜，看清权威也是普通人。

我们常常把权威看作高高在上的存在，他们拥有深厚的知识、技能、丰富的经验和崇高的地位。我们对他们充满了敬畏和崇拜，甚至有时候在他们面前会感到恐惧和压抑。我们认为他们是完美的，是无懈可击的，是我们永远无法超越的。

但是，事实真的是这样吗？权威真的就是神一样的人物吗？他们真的就没有任何缺点和不足吗？他们真的就不会犯错，不会失败，不会受伤吗？

答案是否定的。权威也是普通人，他们也有自己的情感、思想、信念和价值观。他们也有自己的喜好、爱好、兴趣和梦想。他们也有自己的困难、挑战、矛盾和痛苦。他们也有自己的优点、缺点、长处和短处。他们也有自己的成功、失败、得失和收获。

如果你能够祛除心中对权威的滤镜，你就会发现，他们其实和你一样，都是真实而普遍的个体。他们也需要学习、成长、进步和改变。他们也需要爱、关怀、支持和鼓励。他们也需要他人的尊重、理解、认可和欣赏。

那么，为什么我们要祛除对权威的滤镜？这对我们有什么好处？

我认为，这对我们有以下几个方面的好处：

1. 它可以帮助我们建立更平等、更健康、更友好的关系

当我们把权威看作普通人时，我们就不会过分地敬畏他们，而是可以用更平等、更尊重、更信任的态度去与他们沟通和合作。我们就不会因为他们的身份或者地位而感到有压力或者紧张，而是可以用更轻松、更自信、更舒适的心情去和他们交流。

2. 它可以帮助我们拓宽自己的视野和知识

当我们把权威看作普通人时，我们就不会局限于他们的观点或者理论，而是可以用更多元、更包容、更协作的方式去探索和发现更多的真理和可能性。我们就不会拘泥于他们的经验或者方法，而是可以用更灵活、更适应、更创造的策略去应对和解决更多的问题和挑战。我们就不会依赖于他们的资源或者网络，而是可以用更主动、更积极、更有效的手段去获取和利用更多的信息和机会。

当然，祛除滤镜并不是一件容易的事情，它需要我们积累足够的知识和信息，有开放和包容的心态，有批判和创造性的思维。但我相信，只要我们有这样的意愿和努力，我们就能够看到一个更加真实和多元的世界，也能够发现权威人士也是普通人，只不过他们在某些方面有着更多的经验和影响力。我们可以从他们身上学习一些东西，也可以给他们一些反馈。我们不需要把他们当成神或魔，而是把他们当成普通人。

祛魅小技巧

各种滤镜让我们看不清真实的世界，也让我们对权威产生不切实际的期待或恐惧。祛除滤镜，你就会发现权威也和普通人一样，有各种各样的优点、缺点，有各种各样的苦恼、失败。

完全听从权威，你将没有真正的自我

> 不用盲目地崇拜任何权威，因为你总能找到相反的权威。
>
> —— 罗素

在当今社会，我们经常面对各种各样的权威，比如政府、老师、领导、专家，等等。这些权威可能会对我们的思想、行为、价值观等方面产生影响，甚至会控制我们的言行和思想。有些人认为，听从权威是一种美德，是一种尊重和服从，也是一种保障和安全。他们认为，权威总是正确的，听从权威是为我们的利益着想，权威能够给我们提供最好的指导和建议。他们不敢也不愿意对权威提出质疑或反抗，他们只是盲目地遵从和执行权威的要求。

然而，这样的态度和行为真的有利于我们的成长和发展吗？我认为，完全听从权威，你将没有真正的自我。你将失去你独立思考的能力，你将失去你的创造力和创新力，你将失去你的个性和特色，你将失去你的自由和尊严。你将变成一个没有主见、没有灵魂、没有价值的机器人。

为什么？因为权威并不是绝对的，也不是永恒的。权威有可能犯错，也有可能有偏见，也有可能有私心，也有可能有过时。如果我们不加分析地接受和服从权威，我们就有可能被误导、被利用、被剥夺、被奴役。我们会错过真相，错过机会，错过进步，变得不幸福。

我曾经是一个非常优秀的学生，从小就被老师和家长夸赞。他们总是对我寄予厚望，希望我能成为一个有成就的人。我也很努力地学习，成绩总是名列前茅，在校期间参加各种竞赛和活动，获得了很多奖项和荣誉。我觉得自己很幸运，受到这么多人的支持和鼓励，我也很尊敬他们，认为他们都是我的榜样，他们的话就是我行动的指南针。

但是，当进入大学后，我才发现自己并不像想象中那么快乐和自信。我发现自己对很多事情都没有自己的想法和判断，只会按照别人的意愿和期望去做。我选择了一个相对热门的专业，但是我自己对此并不感兴趣，只是因为长辈认为它能有良好的就业前景。大学期间，我参加了一些社团和组织，但是对此并不热情，只是因为它们能增加我的简历亮点。我交了一些朋友，但是与他们并不亲密，只是因为他们能给我提供一些帮助和资源。我觉得自己就像一个机器人，没有灵魂，没有个性，没有激情。

我开始思考自己存在的价值，我为什么要这样活着？我真正想要的是什么？我有没有自己的梦想和追求？我有没有真正的自我？我发现自己对这些问题都无法回答，因为我从来没有真正思考过这些问题，我只是一直在听从权威的安排和指示，从来没有质疑过他们的正确性和合理性。我意识到自己失去了自己的主体性和创造性，一直在放弃自己的选择和决定。

于是，我决定做出改变。我开始阅读一些不同领域的书籍，观看一些不同风格的电影，去一些不同文化的地方游览，尝试参加一些不同类型的活动。我开始接触一些不同背景和观点的人，与他们深入地交流和讨论，汲取他们的经验和感受。我开始反思自己的价值观和信念，重新定义自己的目标和方向。我开始尊重自己的感受和需求，表达自己的想法和意见。我开始勇敢地追求自己的兴趣和爱好，实现自己的梦想和愿望。

通过这些改变，我发现自己变得更加开心和自由。我发现自己有了更多的创造力和想象力。我发现自己有了更多的信心和魅力。我发现自己有了更多的朋友和支持者。最重要的是，我发现了真正的自我。

完全听从权威，并不是一件好事。它会让你失去你自己的声音和色彩，让你成为一个平庸和无趣的人。你应该有自己的思考和判断，有自己的选择和决定，有自己的个性和风格，有自己的梦想和追求。你应该拥有独立的自我。

我们应该保持一定的距离和批判地看待权威。我们应该用自己的头脑去思考问题，用自己的眼睛去观察世界，用自己的心去感受生活。我们应该勇于质疑和挑战权威，敢于表达和实现自己。我们应该尊重和借鉴权威的经验和知识，但是不应该盲从和依赖权威的意志和判断。我们应该在与权威的交流和互动中，找准自己的位置和角色，塑造自己的形象和风格。

祛魅小技巧

不要妄想权威总是能够给你提供最好的指导和建议，否则，你将会被权威控制言行和思想。你要学会批判地看待权威，敢于质疑和挑战权威，尊重和借鉴权威的经验和知识，用自己的头脑去思考问题，用自己的眼睛去观察世界，用自己的心去感受生活。

祛魅：你以为的真是你以为的吗？

夫妻的幸福生活，不能仅听权威的意见

> 你不是你父母的续集，不是你子女的前传，不是你朋友的外篇，对待生命，你不妨大胆一点，因为最终你都要失去它。
>
> —— 尼采

夫妻关系是影响幸福生活的重要因素。很多夫妻在遇到问题时，会寻求权威人士的建议，比如心理咨询师、亲友、专家等。这些人可能会给出一些有用的指导，但是也可能会给你带来一些误导或干扰。因为每对夫妻的情况都是独特的，没有一套固定的规则或方法适用于所有人。夫妻之间的沟通、理解、信任、包容、支持等，都是需要自己去探索和实践的。

我有一个妹妹，她和她的丈夫已经结婚五年了。他们经我撮合在一起，当看到举行了隆重的婚礼时，我真的替他们开心，觉得他们是彼此的真爱。

但是，后来妹妹经常向我诉苦，说婚后的生活并不像她想象的那么美好。她发现他们彼此之间有很多不同的观点和习惯，经常为了一些小事争吵。他们也没有太多共同的兴趣和爱好，很难找到共同话题。性生活也不太和谐，有时候甚至会感到压力和不满。

他们二人都开始怀疑自己是否真的适合对方，是否真的爱对方。

听了妹妹的话，我也很为他们发愁，但我毕竟不是这方面的专家，怕自己给的意见不适宜，起反作用。于是，我带他们去找了一位婚姻顾问。他是一个很有名气的专家，很多人都说他能解决任何婚姻问题。我们对他抱有很大的期望，希望他能给妹妹和妹夫一些有效的建议。

很快，我们发现，他并没有真正了解妹妹家的情况和需求，而是按照他自己的理论和方法来指导。

他对妹妹和妹夫说，他们应该多沟通，多表达感情，多做一些浪漫的事情，多给对方制造一些惊喜。他还说，他们应该定期去旅行，去体验不同的文化和风景，去拓宽自己的视野和心胸。他说，这些都是提高婚姻幸福度的必要条件。

妹妹和妹夫听了他的话，试着按照他的建议去做。但是，结果并没有什么改善，反而让彼此感到更累、更烦。因为这些事情并不符合他们的性格和喜好，而是在违背他们意愿的基础上强加的任务。他们觉得自己在做戏，在迎合别人的期望，在追求一种虚假的幸福。

后来，妹妹和我说，她意识到不能盲从权威的意见，而应该找到适合自家具体情况的解决方式和节奏。每对夫妻都是独特的，没有一种通用公式可以套用在所有人的身上。他们应该尊重彼此的差异和个性，而不是试图改变对方或完全迁就对方。应该找到自己真正喜欢和擅长的事情，并且鼓励对方也去做他喜欢和擅长的事情。应该给彼此足够的空间和信任，并且在对方需要时给予支持和理解。

当然，这并不意味着彼此间就可以放任自流，不用再努力经营婚姻了。相反，这意味着要更加用心地去关注对方的感受和需求，并且用自己的真诚和贴心的方式去表达自己的爱意。这样，才能真正享受婚姻的幸福，而不是被外界的标准和压力所束缚。

听了妹妹的诉说，我真心为她高兴，因为她找到了适合他们夫妻的解决方法，而且也正在尝试去改变。我相信，他们的问题最后一定会得到很好的解决。

通过我妹妹和妹夫的故事，相信大家应该也有所感悟。夫妻的幸福生活，不能盲从权威的意见。更重要的是，要结合自身具体情况进行分析总结。夫妻应该定期反思自己的感情状况，找出问题的根源，制订改进的计划，落实行动的步骤。同时，也要积极倾听对方的想法和感受，尊重对方的选择和决定，共同寻找最适合自己的解决方案。

为什么夫妻的幸福生活不能仅听权威的意见？主要原因有以下几个方面：

1. 权威的意见可能不适合自己的情况

每对夫妻都有自己独特的性格、背景、经历、价值观和需求，因此他们面临的问题和解决方法也不尽相同。权威的意见往往是基于一般化的原则和规律，忽略了个体的差异和特殊性。如果盲目地遵循权威的意见，可能会导致彼此之间产生更多的矛盾和不满，甚至伤害双方的感情。

2. 权威的意见可能有偏见或误导

权威并不是完美无缺的，他们也有自己的立场、观点和利益。有些权威可能会故意或无意地传达自己的观点和偏见，影响夫妻对自己和对方的认识和判断。例如，有些心理学家可能会过分强调个人的自我实现和独立性，忽视了夫妻之间的互相依赖和配合；有些婚姻顾问可能会过分强调夫妻之间的沟通和协商，忽视了夫妻之间的信任和尊重；有些亲友可能会过分强调夫妻之间的相似性和一致性，忽视了夫妻之间的差异和多样性。

3. 权威的意见可能削弱自己的主动性和责任感

如果夫妻过于依赖权威的意见，就可能失去自己思考和决策的能力。他们可能会把自己和对方的幸福寄托在外部因素上，而不是在内部因素上。他们可能会把自己和对方的问题归咎于外部环境或他人，而不是自己或对方。这样就可能导致夫妻之间缺乏主动性和责任感，无法真正地解决问题和改善关系。

综上所述，夫妻的幸福生活不能盲从权威的意见，而应该根据自己和对方的实际情况，结合权威的意见，进行理性的分析和判断，找出最适合自己和对方的方法和策略。只有这样，才能真正实现和维持夫妻之间的幸福。

祛魅小技巧

很多夫妻在遇到问题时，会寻求权威人士的建议。然而，不少人在按照权威人士的建议去做之后，反而使双方的关系更加恶化。这是因为权威的意见可能不适合自己的情况，权威的意见可能存在偏见或误导，会削弱个体的主动性和责任感。

祛魅：你以为的真是你以为的吗？

教育不能盲从权威，
每个家庭的情况都不相同

> 对双亲来说，家庭教育首先是自我教育。
>
> ——克鲁普斯卡娅

首先，教育的目的不是让孩子成为别人眼中的成功者，而是让他们成为自己想要成为的人。每个孩子都有自己的兴趣、特长和潜能，我们作为父母和老师，应该尊重他们的选择，支持他们的发展，而不是将我们的期望和标准强加给他们。

当然，这并不意味着我们要放任孩子随心所欲，而是要给予他们正确引导，让他们明白什么是对的，什么是错的，什么是有价值的，什么是无意义的。

其次，教育不能盲从权威，每个家庭的情况都不相同。我们不能一味地模仿别人的教育方法，也不能完全依赖专家的建议。我们要根据孩子的实际情况，制订适合孩子的教育计划。我们要有自己的判断力和创造力，不要被外界的声音所左右。我们要相信自己，相信孩子，相信教育。

我有两个孩子，一个是十岁的女儿，另一个是八岁的儿子。他们都是很聪明、有创造力的孩子，但是他们的性格和兴趣很不一样。女儿喜欢阅读、写作、画画，儿子喜欢数学、科学、手工。女儿比较内向、细心、认真，儿子比较外向、活泼、随性。

他们小时候，我也像很多家长一样，想要给他们最好的教育，让他们能够全面发展，拥有更多的机会和选择。我参考了很多专家的建议，给他们报了各种兴趣班。我希望他们能够学习更多的知识和技能，提高自己的竞争力和自信心。

但是，随着时间的推移，我发现这样做并没有达到我想要的效果。相反，我发现孩子变得越来越累、越来越压抑、越来越失去学习的兴趣。他们不再享受学习的过程，疲于应付作业和考试。他们不再主动探索和创造，而是被动接受和复制。他们不再表达自己的想法和感受，而是顺从别人的期望和要求。

我开始反思自己的做法，是否真的符合孩子的需要和特点。我开始倾听孩子的声音，了解他们真正感兴趣和擅长的事情。我开始尊重孩子的选择，支持他们按照自己的节奏和方式去学习。我开始改变我的教育方式，鼓励他们尝试新事物，接受失败和错误。

渐渐地，我看到了孩子的变化。他们重新找回了学习的乐趣和动力。他们变得更加开心和自信，更加主动和独立，更加多元和创新。

教育是一个长期的过程，需要持续的努力和改进。我们不能期待一蹴而就，也不能轻易放弃。我们要与孩子建立起良好的沟通和信任，让他们感受到我们的关爱和支持。我们要给孩子足够的自由和空间，让他们自主地探索和学习。我们要给孩子适当的挑战和激励，让他们不断地进步和成长。我们要给孩子一个健康和快乐的环境，让他们享受教育的过程。

为什么我们不能盲从权威呢？原因主要有以下两个方面：

1. **盲从权威的危害**

我们生活在一个信息爆炸的时代，每天都有各种各样的教育专家、名人、网红给我们提供各种各样的教育建议、方法、理念。他们可能有着丰富的经验、高深的学识、广泛的影响力，让我们觉得他们说的话一定是对的。但是，这样的想法其实非常危险。

盲从权威会让我们忽视自己和孩子的个性和需求。每个人都是独一无二的，有着不同的性格、兴趣、优势、劣势、梦想、目标。我们不能用一个统一的标准来衡量和要求所有人，也不能用一个固定的模式来教育和培养所有人。我们要尊重和发现每个人的特点和潜能，教育和引导他们。

盲从权威会让我们陷入盲目跟风和比较的怪圈。我们会被别人的成功和失败所左右，被别人的评价和期待所束缚，被别人的选择和行为所影响。我们会忘记自己真正想要什么，真正需要什么，真正适合什么。我们会失去自信和快乐，只会感到焦虑和压力。

2. **每个家庭的情况不同**

教育是一件非常复杂而又细致的事情，它涉及很多因素，比如家庭背景、经济状况、文化水平、价值观念、教育理念、教育方式、教育资源等。这些因素在每个家庭中都有着不同的表现和组合，导致每个家庭都有着不同的教育资源。因此，每个家庭都应该根据自己的实际情况来制订适合自己孩子的教育计划和策略，而不是盲目地模仿或者完全拒绝别人建议的做法。

有些家庭可能有着优越的经济条件，可以为孩子提供更多更好的教育资源，比如优质的学校、专业的老师、丰富的课外活动等。这些家庭应该充分利用这些资源，让孩子接受更广泛、更深入、更多元化的教育，培养孩子更全面、更均衡、更优秀的素质和能力。

有些家庭可能有着较弱的经济条件，不能为孩子提供太多太好的教育资源，比如普通的学校、一般的老师、有限的课外活动等。这些家庭应该尽力争取和利用这些资源，让孩子接受基础而又必要的教育，培养孩子基本而又重要的素质和能力。同时，这些家庭也应该注重培养孩子的自学能力和自我发展能力，让孩子能够在有限的条件下，通过自己的努力和创造，实现自己的梦想和目标。

有些家庭可能有着高度的文化素养，可以为孩子提供更多更好的文化熏陶和启发，比如艺术世家、教育世家等。这些家庭应该充分传承和分享这些文化财富，让孩子接受更深刻、更广博、更精致的文化教育，培养孩子更丰富、更高雅、更人文的情感和思想。

有些家庭可能文化素养不高，不能为孩子提供太多太好的文化熏陶和启发，比如普通家庭等。这些家庭应该根据实际情况尽力提高和改善父母的文化水平，让孩子接受基本而又必要的文化教育，培养孩子基本而又重要的情感和思想。同时，这些家庭也应该注重开阔孩子的视野和兴趣，让孩子能够在有限的条件下，通过自己的探索和体验，接触和欣赏更多更好的文化内容。

通过上述分析，我们明白，家长在教育孩子的时候，应该根据自己的家庭环境、经济条件、文化背景、教育理念等因素，制定适合自己孩子的教育方式，而不是一味地追随权威。

祛魅：你以为的真是你以为的吗？

祛魅小技巧

  教育孩子也要祛魅。教育的目的不是让孩子成为别人眼中的成功者，而是让他们成为自己想要成为的人。每个家庭的情况都不相同。我们不能一味地模仿别人的教育方法，也不能完全依赖专家的建议，而是应该根据自己的家庭环境、经济条件、文化背景、教育理念等因素，制定适合自己孩子的教育方式。

第四章
对外貌祛魅，美貌并不代表一切

在当今社会，外貌常常被过分强调，甚至被误认为是成功和幸福的关键。外貌在我们生活中的真正作用是什么？它在人际关系和社交中真的有举足轻重的作用吗？外貌可能会带来一定的便利，但并非不可或缺的，它有着自身的利弊。通过对外貌祛魅，我们可以更加自信地展现自己，不受外界标准的限制，真正理解美貌并不是衡量一个人价值的尺度。

祛魅：你以为的真是你以为的吗？

女人，长得漂亮不如活得漂亮

> 女人的美丽不是表面的，应该是她的精神层面——是她的关怀、她的爱心以及她的热情。女人的美丽是跟着年龄成长。
>
> ——奥黛丽·赫本

远远地看见泸沽湖，很多人都被它的宁静、美丽深深地吸引：湛蓝的湖水，神秘的民族风情……泸沽湖，想象不到的美。这就是大多数人对泸沽湖的第一印象，然而真正让泸沽湖充满神秘色彩的还是那群摩梭人独特的生存方式。

摩梭人是当今世上仅存的母系社会，女性占据氏族社会中的一切主导权。较之其他地方的女性，摩梭人的姑娘不仅多情，更多了一份主动。摩梭人的姑娘因青山绿水的滋润，大多容貌俊美、风情万种。说到这儿，有位摩梭人的姑娘，相信很多人都知道。她就是杨二车娜姆。

之所以要提到她，不仅是因为她俊美的容貌，还因为她写的一本书《长得漂亮不如活得漂亮》。对于这个主题，有人是这样理解的："常常听说活得精彩，活得成功，活得幸福……还从来没有听过一个人用'漂亮'来形容自己的生活。但是你仔细想想，'漂亮'这个词多好，它涵盖了'精彩''成功''幸福'……还有一股子说不出来的得意扬扬的味道。"

有句话说："长得漂亮是优势，活得漂亮是本事。"女人的长相是自己无法选择的，但是你的生活完全掌握在自己的手中。别人说你长得不漂亮，这不怪你，也无足轻重；但是假若别人说你活得一点儿也不漂亮，你就该好好想想了。

她叫林婉儿，是我的高中同学。她的长相并不出众，身形有点儿胖，但她总是笑容满面，乐观开朗。她喜欢唱歌、跳舞、画画，还会弹吉他。她总是参加各种活动，不管是学校的还是社区的，她都能发挥自己的特长，赢得大家的喜爱和尊敬。

她并不在乎别人对她外貌的评价，她只在乎自己的内心是否快乐。她说，人生就像一场舞台剧，每个人都有自己的角色和台词，重要的是要把自己的角色演好，而不去羡慕别人。她说，美丽不是一种标准，而是一种态度，只要足够自信和自爱，就能散发出独特的魅力。

她毕业后去了北京，成为一名记者。她用她的笔记录下了许多感人的故事，也用她的镜头展现了许多美丽的风景。她采访过很多名人，也关注过很多普通人。她说，每个人都有自己的故事，每个故事都值得被听到和传播。她说，她最大的梦想就是用自己的声音和影响力为这个世界带来一点点改变。

她结婚后生了一个女儿，她把女儿取名为林美丽。她对女儿说，你不需要为了任何人而改变自己，你只需要做你自己就好。你不需要追求别人眼中的美丽，你只需要发现自己心中的美丽就好。你不需要听从别人的意见，你只需要听从自己的心声就好。

祛魅：你以为的真是你以为的吗？

林婉儿是一个女人，一个活得漂亮的女人。她用自己的方式证明了这句话：女人，长得漂亮不如活得漂亮。

精彩的人生，不是一直轰轰烈烈，让人惊艳，而是细细咀嚼后还能唇齿留香。人生中的每一份精彩，都是由经过无数努力后得来。人生很平凡，可每个人都有展示自己光芒和热量的权利；人生，就是不同的人绽放出不同的光彩。

因此，从此刻就记住：女人可以生得不漂亮，但不能活得不漂亮。无论何时，拥有渊博的知识、良好的修养、文明的举止、优雅的谈吐、博大的胸怀，以及一颗充满爱的心灵，就能够活得漂亮。活得漂亮的前提不是你长得漂亮，而是你能活出一种精神、一种品位、一份至真至性的精彩。只要不放弃，谁也不能阻止你前进。

上帝毫不悭吝地把美丽、善良、温柔、多情这些品性给予女人。那么，女人一定要善待自己、珍爱自己，让自己每一天都不虚度。不必给自己套上太多的枷锁，别让自己活得太累。

祛魅小技巧

无数的事实证明，拥有渊博的知识、良好的修养、文明的举止、优雅的谈吐、博大的胸怀，以及一颗充满爱的心灵，远比仅拥有一副好看的皮囊更重要。因此女人长得漂亮，不如活得漂亮。

样貌是优势,但并非你全部的魅力

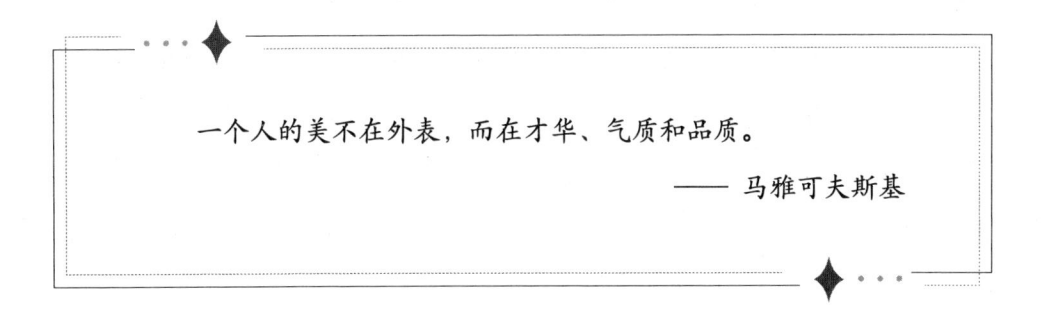

> 一个人的美不在外表,而在才华、气质和品质。
>
> —— 马雅可夫斯基

在这个看脸的时代,很多人都认为,样貌是决定一个人成功与否的重要因素。的确,有些研究表明,长相好的人更容易得到别人的信任和喜欢,也更有可能获得更高的收入和更好的职位。但是,样貌真的是你全部的魅力吗?你是否忽略了其他更重要的品质和能力呢?

首先,我们来描述一下什么是样貌优势。样貌优势是指一个人因为长相出众而获得的一些社会和心理上的好处。例如,长相好的人更容易吸引异性,也更容易建立社交关系。长相好的人也更有自信,更能够积极地面对生活中的挑战。长相好的人还会受到所谓"光环效应"的影响,即别人会认为,他们不仅长得好看,而且也聪明、有才华、有品位等。

祛魅：你以为的真是你以为的吗？

然而，我们也要分析一下样貌优势的局限性和风险。样貌优势并不是永恒不变的，随着年龄的增长，外表的衰老，相处时间的增加，一个人可能会失去原来的魅力。而且，样貌优势也并不是普遍适用的，不同的文化和环境对美丽的标准和偏好也不尽相同。更重要的是，样貌优势也可能带来一些负面的后果。例如，长相好的人会遭到别人的嫉妒和排斥，也可能会被误认为他是靠脸吃饭而不努力工作的人。长相好的人还可能过分依赖自己的外表而忽视自己的内在修养提升和个性发展。

我们不能否认样貌在一定程度上会影响一个人的生活和事业，但是我们也不能过分夸大样貌的作用而忽视其他更重要的因素。一个人真正的魅力不仅体现在外表上，还体现在精神上。一个人要想真正成功和幸福，还需要具有知识、技能、品德、情感等多方面的素质和能力。我们应该珍惜自己所拥有的样貌优势，但是也不要沉迷于自己的外表而忘记了自己的本质。

有一个叫李静的女孩，她是一名大学生，长相非常漂亮，身材也很好。她在学校里很受欢迎，有很多追求者。她也很自信，觉得自己有着无可比拟的优势，不需要太努力就能得到自己想要的东西。她的梦想是成为一名模特或者演员，所以她经常参加各种选秀和比赛，希望能被星探发现。

有一次，她报名参加了一个全国性的模特大赛。她觉得自己一定能够脱颖而出，赢得冠军。她作了充分的准备，还特地请了专业的摄影团队给她拍了一组照片，作为报名资料。她把照片寄给了大赛主办方，等待回复。

过了几天，她收到了一封邮件，打开一看，却是一封拒绝信。信上写着：感谢您对本次大赛的关注，但是很遗憾地通知您未通过初选。

李静看完信后，感到非常气愤和不甘心。她觉得主办方根本没有给予她公正的评判，只是找了一些借口来拒绝她。她认为自己的样貌就是最大的优势，没有人能够比得上她。她决定给主办方打电话，质问他们为什么不选她。

她拨通了电话，接电话的是一位女士。李静没有礼貌地说："你好，我是李静，我收到了你们的拒绝信。我想问一下，你们是以什么标准来衡量筛选初选人员的？你们有没有看清楚我的照片？你们知不知道我有多美？"

对方听了李静的话，并没有生气，而是平静地说："你好，李静。我们确实看过你的照片，也承认你很美。但是我们选择模特不仅要看外表，还要看其他方面。我们看过你的简历和自我介绍，发现你前期并没有与模特相关的经验和理论基础，也没有表现出对模特行业的热情。我们还看过你的社交媒体，发现你经常发一些自拍和炫耀的内容，没有其他有价值的信息和观点。我们觉得你缺乏气质和内涵，不适合成为一名专业的模特。"

李静听了对方的话，更加气愤了。她觉得对方在故意贬低她，挑剔她的缺点。她说："你们这是什么态度？你们凭什么说我缺乏气质和内涵？你们有什么资格评判我？你们就是嫉妒我，怕我太出色，抢了你们的风头！"

对方听了李静的话，叹了一口气，说："李静，你不要激动。我们没有嫉妒你。我们只是想给你一些建议，帮助你提高自己。你应该知道，模特不是一份简单的工作，它需要很多的努力和学习，也需要很多的素养以及承担很多的责任。你不能只靠外表就想走到顶端，那样的话，你的发展将很受限。你应该多关注一些模特行业的动态和资讯，多学习一些模特的技巧和知识，找准自己的风格和特色，多展示自己的人格和价值。这样才能让自己的魅力不仅仅局限于外表，而是全方位地发光发热。"

李静听了对方的话，却没有接受，而是挂断了电话。她觉得对方说的都是废话，她不需要听任何人的建议，她只相信自己的美貌。她决定不再理会这个大赛，继续参加其他活动，寻找自己的机会。

她报名参加了很多其他方面的选秀和比赛，但是都没有得到什么好的结果。有些活动没有回复她，有些活动虽然让她进入了复赛或者决赛，但是都没有给她任何奖项或者合约。她开始感到困惑和沮丧，不明白为什么自己长得这

祛魅：你以为的真是你以为的吗?

么美丽却没有人欣赏。

有一天，她在网上看到一则消息：那个全国性的模特大赛已经结束了，冠军是一个叫张梦的女孩。李静好奇地点开了链接，想看一看这个女孩长什么样子。她打开了张梦的照片，顿时感到震惊：张梦的外貌并不是很漂亮，甚至可以说有些平凡。她的脸型不是很完美，眼睛不是很大，鼻子不是很挺拔，嘴唇不是很丰满。她的身材也不是很好，身高不是很高，胸围不是很大，腰围也不够纤细。李静觉得自己比张梦漂亮多了。

李静继续看了张梦的简历和自我介绍，发现她有着非常丰富的学习经历和实践经验。她从小就对模特有着浓厚的兴趣和天赋，参加过很多的培训和比赛，获得过很多的奖项和认可。她还是一名优秀的学生，专业是服装设计，成绩优异，有着很多的创意和作品。她还是一名热心的志愿者，参与过很多的公益活动，关心社会和环境问题。她的社交媒体上，不仅有她的美丽照片，还有她的有趣生活。她拥有扎实的理论基础，并形成了自己深度思考的观点。她的粉丝们都很喜欢她，称赞她是一名全能的模特，有着美丽的外表和丰富的内涵。

李静看完了张梦的资料，感到非常羞愧。她突然意识到，自己一直以来都太过于自负和浅薄，只关注自己的外表，忽略了自己的内在。她想起了那个大赛的主办方给她的建议，觉得他们说的都是对的。她明白了，自己想要成为一名真正的模特，不仅要有美貌，还要有气质、有技能、有责任。她决定改变自己的态度和行为，多学习多进步，多关注多贡献，多展示多成长。她希望有一天，自己也能像张梦一样，成为一名让人敬佩和喜爱的模特。

通过对比李静和张梦的外表、经历、学习、社会责任感等方面，可以看出模特不仅需要有美丽的外表，还需要有气质、技能、责任等内在素质。其实不只模特，任何行业都是这样，不能只注重自己的外表，而要更多地关注自己的内在修养和专业技能，这样才能让自己的魅力更加全面和持久。最后，李静也意识到自己的错误，决定改变自己的态度和行为，向张梦学习，成为一名真正的模特。我们相信李静在综合素养得到提升后，会成为一名优秀的模特。

每个人，都应该对自己有一个全面而客观的认识，不要过分自满或自卑，而要努力提升自己的综合素养。这样，你才能真正地发挥出你的全部魅力，赢得更多的尊重和信任。

祛魅小技巧

靠颜值吃饭，有时效性。只有靠才能吃饭，才能够长久。好的样貌虽然在一定程度上会影响一个人的生活和事业，但是要想真正成功和幸福，还需要具有知识、技能、品德、情感等多方面的良好素质。

祛魅：你以为的真是你以为的吗？

祛除容貌焦虑，否则会老得更快

> 外表的美只能取悦于人的眼睛，而内在的美却能感染人的灵魂。
>
> —— 伏尔泰

在这个颜值至上的时代，容貌焦虑如同一场悄无声息却又铺天盖地的风暴，席卷了人们的内心世界。无数人深陷于追求完美容貌的执念中，在焦虑与不安的漩涡里越陷越深，浑然不知这份过度的担忧，非但不能雕琢出理想中的美貌，反而在无形中为衰老按下了加速键。

晓妍，一位年轻有为的职场女性，工作上雷厉风行，性格也活泼开朗，可她却始终对自己的外貌百般挑剔。她嫌弃自己的眼睛不够灵动有神，鼻子不够高挺立体，皮肤不够白皙透亮。这份容貌焦虑，让她将大把的时间与金钱投入美容护肤和化妆中。清晨起床，一颗痘痘就能让她一整天心情阴霾；旁人不经意的一句外貌评价，也能让她暗自伤神许久。

日子一天天过去，晓妍惊恐地发现，自己的状态每况愈下。曾经光滑细腻的肌肤变得粗糙暗沉，浓重的黑眼圈仿佛怎么也遮不住，眼角的细纹也若隐若现。满心忧虑的她去看医生，得到的诊断是身体并无实质性病变，这些衰老迹象极有可能源于长期的精神压力与焦虑情绪。

从心理学的角度剖析，过度的容貌焦虑会使人长期处于紧绷、焦虑的心理状态。这种负面情绪如同蝴蝶效应，直接冲击人体的内分泌系统，导致激素失衡。长期焦虑会刺激肾上腺素等应激激素大量分泌，而这些激素一旦过量，就会扰乱皮肤的正常代谢节奏。皮肤新陈代谢周期通常为 28 天，内分泌失调时，这个周期被打破，老化的角质层堆积，新细胞又无法正常生成，皮肤自然就变得粗糙、暗沉。

在生理层面，焦虑情绪对睡眠质量的影响也不容小觑。晓妍常常因对容貌的担忧而失眠，在床上翻来覆去难以入眠。睡眠不足，身体各项机能得不到充分的休息与修复，尤其是皮肤的自我修复功能。夜间睡眠时，皮肤会进行自我修复与再生，分泌胶原蛋白维持弹性与光泽。可长期睡眠不足，会抑制胶原蛋白合成，让皮肤松弛、皱纹加深。此外，长期精神压力还会削弱免疫系统功能，使皮肤更容易受到紫外线、污染物等外界侵害，进一步加快衰老进程。

晓妍的经历，就是一个深陷容貌焦虑陷阱，加速自身衰老的典型案例。它时刻提醒着我们，要学会驱散容貌焦虑的阴霾，看清追求完美容貌背后的真相。

我们所追寻的美，不应仅仅局限于外在的皮相。真正的美，是由内而外散发的光芒，它涵盖自信从容的心态、积极向上的生活态度和丰富深厚的内在修养。当我们将目光紧紧锁在容貌的细微瑕疵上，把大量时间和精力耗费在无谓的担忧中，不仅会错过生活中无数美好的风景，还会给自己的身心套上沉重的

祛魅：你以为的真是你以为的吗？

枷锁。

驱散容貌焦虑，关键在于树立正确的审美观。每个人都是独一无二的个体，都有自己独特的魅力与闪光点。我们要学会接纳自己的不完美，欣赏自身的优点。同时，也要清楚地认识到，衰老是生命不可避免的自然规律。与其将精力浪费在对抗这无法改变的必然，不如专注于提升内在品质，保持健康的生活方式，像合理饮食、适度运动、充足睡眠等，这些才是保持青春活力的真正秘诀。

只有挣脱容貌焦虑的枷锁，以平和、自信的心态直面自己与生活，我们才能真正延缓衰老，让生命绽放出更加耀眼的光芒。

祛魅小技巧

你所忧虑的事项，并不会随着你的忧虑加重而逐步减轻。而且，忧虑会使女人远离青春，远离美丽，甚至远离快乐和幸福。该来的还是要来，与其忧虑，不如改变自己的想法，去努力寻找解决问题的办法，让忧虑在我们智慧的光芒下得以消失。

幸福最大的障碍是我们无法接受自己

> 十七岁时你不漂亮，可以怪罪于母亲没有遗传好的容貌；但是三十岁了依然不漂亮，就只能责怪自己，因为在那么漫长的日子里，你没有往生命里注入新的东西。
>
> —— 居里夫人

在漫漫人生路上，我们都在追寻幸福的真谛，无数人穷尽一生，奔赴在追逐幸福的道路上。然而，许多人却未曾意识到，幸福最大的障碍，恰恰是我们内心深处对自己的不接纳。我们总是带着挑剔的目光审视自己，揪着自身的缺点和不足不放，在自我否定的漩涡中苦苦挣扎，却忘了，只有当我们真正张开双臂，接纳那个不完美的自己时，幸福的大门才会向我们敞开。

有一位闻名遐迩的雕塑家，她同时也是一个经营雕塑精品的大老板。虽然

祛魅：你以为的真是你以为的吗？

她腿有残疾，但是她在过去十几年中从未停止拼搏。当有人对她说："如果你不是残疾，恐怕会更有成就。"她却豁达一笑，回应道："你说的也许有道理，但是我并不感到遗憾。因为我如果没患有小儿麻痹症，肯定早就下地当了农民，哪有时间坚持学习，掌握一技之长？从这个意义上说，我应感谢上帝给了我残缺的身体，同时也给了我坚强的生活信念和立志成才的勇气。"

不要再整日怨天怨地，对自己生不逢时充满牢骚和不满，认为自己生活在水深火热之中。既然你没有孔明"运筹帷幄，决胜千里"的才智来扭转时局，也没有姜太公"能掐会算"的"神功"能洞察未来，唯一能做的就是怀着一颗平常心，去接受生命给予你的一切。

因为生命本就喜怒无常且变幻莫测，人生旅途中的遭遇也都无法预知，老天不会与你商量后才去创作"剧本"。现实已无法改变，与其低头郁闷，倒不如放开心胸去坦然接受，无论是天崩地陷还是电闪雷鸣，既来之则安之。上帝为你关闭了一扇门，就一定会为你打开一扇窗。只要你仔细寻找，就一定能找到幸福的出口。

所以，无论生命给了你什么，你都要能够坦然接受。只有这样，你才能走好人生的每一步。

有一个女孩，一生下来就双目失明。她一生中从事着一件工作：种花。

父母曾带她四处寻访名医，都以失败告终。于是，从她懂事那天起，性格上便有些胆怯和自卑。进入青春期的她甚至试图服用安眠药自杀，幸好发现及时送往医院才得以捡回一条命。从鬼门关走了一遭后，她像变了一个人，重新认识和接受了自己。她觉得，既然生命给了自己这样的磨难，也许正是对自己的考验。于是，她开始振作起来努力学习。她眼睛看不见，她就用一颗心去体验生活。

从特殊教育学校毕业后，她继承了母亲的工作。母亲是远近闻名的花匠。

她选择女承母业。然而，她天生是个盲者，从不知道花是什么样子。别人告诉她花是美丽的，她便用自己的手指细细地触摸，从指尖到心灵，真切地体会美丽的含义；有人告诉她花是香的，她便俯下身去用鼻子小心地嗅着花朵的芳香。几十年过去了，双目失明的她像对待亲人那样对待花儿。据说，她种出的花，是小城里最美丽的。

这个女孩种了一辈子花，却从来没有见过花是什么样子，然而她是快乐的。因为她实实在在地接受了自己，深深地懂得了自己创造美丽比欣赏美丽更有意义。

快乐的真谛是"接受"，学会"接受生命的给予"，再加上努力奋斗，你就迈上了成功与幸福的台阶。人活在世上，都会有不顺心的事，也都会遇到困难和无法拒绝的逆境。有的人意气风发，有的人萎靡不振，我们需要有一个良好的心境，去坦然地接受生命的给予。只有接受生命的给予，你才能够走好人生的每一步棋。

俗话说："上帝散布给人间的苦难与月光一样的均等。"这个世界上，没有一个人活得容易，更没有一个人整天被鲜花与掌声所包围。所以，你无须抱怨命运的不公，从现在开始接受生命给予你的一切，欢声笑语也好，泪水坎坷也罢，展开双臂去拥抱这一切，你将收获人生路上最美好和幸福的时光。

祛魅小技巧

现实已无法改变，与其低头郁闷，倒不如放开心胸，去接受生命给予的一切。

祛魅：你以为的真是你以为的吗？

别人身上的美好，其实你也拥有

> 我们终此一生，就是要摆脱他人的期待，找到真正的自己。
> —— 伍绮诗

在人生这段漫长的旅程中，我们常常会不自觉地将目光聚焦在他人身上，羡慕别人所拥有的美好，或是出众的才华，或是迷人的外表，又或是优渥的生活条件。我们在这种羡慕中，渐渐迷失了自己，却未曾察觉，那些我们所欣羡的美好，其实自己也同样拥有。每个人都是一座宝藏，蕴含着无尽的潜力与独特的闪光点，只是我们常常被外界的光芒所遮蔽，而忽视了自身的价值。

小悠是一位热爱绘画的年轻女孩，她一直梦想着能够在艺术领域崭露头角。在社交媒体上，她关注了许多知名画家。看着他们精美的画作和众多的粉丝，小悠心中满是羡慕与自卑。她觉得自己的作品与那些画家相比，简直是天壤之别，无论自己怎么努力，都无法达到他们的高度。这种想法让小悠陷入了深深的自我怀疑。她开始害怕展示自己的作品，甚至一度想放弃绘画。

一次偶然的机会，小悠参加了一个绘画交流活动。在活动中，她结识了一位同样热爱绘画的朋友。当这位朋友看到小悠的作品时，不禁被她独特的绘画风格和细腻的笔触所吸引，对她的画作赞不绝口。朋友告诉小悠，她的作品充满了生命力和情感，有着一种独特的魅力，是许多画家所不具备的。在朋友的鼓励下，小悠开始重新审视自己的作品。她发现，自己在绘画时，总是能够将内心深处的情感融入其中，虽然技巧上可能不如那些知名画家娴熟，但这份真诚和独特是独一无二的。

从心理学角度来看，小悠之所以会陷入对他人的羡慕和自我否定之中，是因为她陷入了"比较陷阱"。在比较的过程中，她只关注了他人的优点和成就，而忽视了自己的长处。这种片面的比较，让她产生了一种"自己不如别人"的错觉，从而导致自信心受挫。此外，社会对成功和优秀的单一标准，也给小悠带来了很大的压力，让她认为只有达到像那些知名画家一样的高度，才算是成功，才算是拥有美好。

然而，每个人的成长轨迹和发展方向都是不同的。那些知名画家在绘画技巧上或许更为成熟，但是小悠拥有独特的情感表达和创作风格，这同样是一笔宝贵的财富。我们不能仅仅以他人的标准来衡量自己，而应该从自身的角度出发，发现并发挥自己的优势。

小悠的经历告诉我们，不要总是盲目地羡慕别人身上的美好，我们要学会停下脚步，认真地审视自己。其实，我们每个人都有自己独特的美好，这种美好可能是一种天赋，可能是一种品质，也可能是一段独特的经历。我们要做的，就是挖掘并珍视这些美好。

我们要明白，生活不是一场竞赛，没有绝对的胜负和高低之分。我们不必

祛魅：你以为的真是你以为的吗？

去模仿他人，也不必去追求他人眼中的成功。我们只需要找到自己的节奏，发挥自己的优势，按照自己的方式去生活。当我们能够接纳并欣赏自己时，就会发现，那些曾经我们羡慕不已的美好，其实早已在我们身上生根发芽。

祛魅小技巧

每天花 10 分钟，写下三件自己做得好的事情，无论大小。这些事情可以是工作上完成的一个小任务，也可以是帮助了别人，又或是学会了一道新菜。通过这种方式，不断强化对自己优点和能力的认知，逐渐摆脱对他人的过度关注，建立属于自己的自信和价值体系。只有当我们不再盲目地羡慕他人，而是用心去发现和珍视自己身上的美好时，我们才能真正实现自我价值，过上属于自己的精彩人生。

不要因"失落一粒纽扣"而感到害怕

> 读书多了,容颜自然改变。许多时候,自己可能以为许多看过的书籍都成了过眼云烟,不复记忆,其实他们仍是潜在的。在气质里,在谈吐上,在胸襟的无涯,当然也可能显露在生活和文字里。
>
> —— 三毛

人在生活中会有成功,也会有失败。因为传统观念,人们只注意在失败中吸取教训,而忽略了对成功的研究,所以失败在人们的心里烙上了深深的烙印。如果一个人失败过很多次,他就会觉得他离成功很遥远。因此,我们要突破这种局限,走自己的成功之路。这不仅需要有志向,而且要有实力。只要有实力,就无须害怕失败,无须害怕在生活中"失落一粒纽扣"。

锻炼自己的适应能力,提高专业技能,拥有了突破这种局限的实力,才可

祛魅：你以为的真是你以为的吗？

以采取行动，否则，你还需要谨慎从事。

今年二十七岁的张虹影大学刚毕业三年，却已经换了多份工作，做过多个职业，直到去年才在一家大型旅游公司稳定下来。张虹影学的是英语专业，但英语不是她的强项。相反，她在高中时更擅长历史和地理。上了大学之后，她才发现，自己应该选择旅游管理专业，这才是自己的兴趣和专长所在。所以，作为英语专业的学生，她的英语专业八级没有通过，倒是选修的旅游管理课程门门优秀。毕业后，张虹影去了一所中学教英语。但是，她知道，她不可能在这个职业上有什么发展。于是，她边工作边学习，准备考取导游资格证。短短半年时间，她就辞职了——没办法，她对英语教师这个职业没有丝毫的兴趣。然后，她又找到了一份文秘工作，同样没有做多久。两年后，她终于拿到了高级导游资格证书，于是找了现在这份工作。

现在，张虹影已经成了公司的骨干，实力可见一斑。当以前的同学们打趣说她"不务正业"时，她总是笑着说："我是'不务正业'，但在'正业'上我没有实力啊！那时候，我就已经着手准备积攒现在所需的实力了。在这一点上，你们得好好向我学习啊！"

这个故事里的主人公是一个优秀的女性。她在不利的环境中，能够对自己的未来和发展有着清晰的认识和计划，并能够为未来积蓄实力。最后，她终于在复杂的生活中赢得了自己该有的成功。可以说，这一切都决定于她清楚地知道：失败不要紧，那是自己的选择有问题，是自己能力不济所致。成功的秘诀只有一条，那就是实力。

有些人做事情从来都不考虑自己的能力能否达到要求，总是好高骛远，做一些不切实际的事情。在通往成功的道路上，我们应该摒弃好高骛远的眼光，否则，就会裹足不前，即使前进，路途也是险阻重重。

我们想要有所作为，就必须先对自己有一个清晰的认识。这也是最起码的要求。比如，你在理财方面有着超于常人的天赋；你有着很强的组织能力；你五音不全，但是你写小说很棒。能够对自己有一个清晰的认识，你就能够做到扬长避短，朝着成功的方向前行。

三百六十行，行行出状元，关键看你的能力适合干哪行。在现实生活中，不要受环境以及工作条件等因素的影响，否则，就很难突破这种环境与条件的局限。你得找准自己的信念，有了信念，你才能走自己的路，突破环境的局限和别人的流言蜚语。在某种境遇中，一个人可能是个失败者，但是给他换个环境，他就可能是个成功者。说到底，这就是机遇的作用。

想要突破环境和条件的局限，光有志向还是远远不够的，关键你还要有实力。实力源自坚持不断地学习。有了这些，我们才会获得成功。

男人因为有强大的实力才能产生足够的自信，也正是因为这种自信才能博得异性欣赏。其实，女人也是这样，当你知道那些人不是因为相貌喜欢你，而是因为你的能力和个性而喜欢你的时候，你就已经踏入了美女的行列。

现在，我们再将"实力"这一话题的范围缩小。的确，男人接受不了长得太丑的女人，但是绝对能接受不够漂亮、不够年轻但是有闪光点的女人。女人的实力绝非表现在咄咄逼人、张扬炫耀、出手阔绰上。这样的女人只能说是自我感觉良好，但是别人都会对她敬而远之。一个有实力的女人应该是有一定的天分，做事认真，有责任心的人。每完成一件事，都会增强她的一份自信心和判断力，从而能够游刃有余、气定神闲地面对未来的一切变数。这样的女人才是最美丽、最有吸引力的。

当然，生活中也有一些整日把精力放在留住青春、美容整容上面的女性，但是，这样的人有一个心态，那就是永远不自信，总认为还没有达到最美的状态。其实，女人都应该明白，有水准的人不会仅从容貌来判断一个人，而且容貌的力量往往会在相处一段时间后就渐渐模糊。与其穷其精力去抓住那些势必

祛魅：你以为的真是你以为的吗？

会失去的东西，不如分出一些精力增强自己的实力，从物质到内心。这样，你的人生才能大放异彩。

祛魅小技巧

只要有实力，就无须害怕失败，无须害怕在生活中"失落一粒纽扣"。失败不要紧，那是自己的选择有问题，或是自己能力不济所致。成功的秘诀只有一条，那就是实力。

你就是你自己,独一无二的存在

> 真正的美,源于自身的内在美。这种美的全部原因皆来自它本身,而外在的溢美之词并不能成为它美的原因。
>
> —— 马可·奥勒留

在相同的条件下,亦不会出现两片相同的叶子,而不同形状和脉络的叶子,抖开了一树葱郁。

一位优秀的服装师领奖时,说过这样一段发人深省的话:"我多年前就理应站在这儿,假如当年父亲不强迫我学我不感兴趣的专业,假如工作单位不阻挠我的业余创作,假如社会对我的奇异创造多一丝理解。"

没有人如此致辞。观众席上良久都是无言的沉默。猛然间,掌声轰然雷动。

祛魅：你以为的真是你以为的吗？

树叶也是一个生命，它享受阳光、吮吸养分、阐释自己生命的意义。它不能被批量生产、不能复制。每一片叶子所体现出来的独一无二，就是它的风格。这个风格就是个性！

有个性的女孩，不会选择做外表重复的美女，因为她们有一颗独属于自己的心。

所以，尊重个性，就是尊重生命。

有一年，在参加一个重要职位的竞选中，各方面都很优秀的女孩输给了一个名不见经传的应届毕业生。那个新分来的毕业生各个方面并不十分出众，之所以赢过女孩，得到那个职位，只是因为她的父亲是副县长。

这个理由让心高气傲的女孩难以服气。回到家里，女孩气呼呼地把事情说给做了一辈子农民的老父亲听。老父亲静静地听着女儿的抱怨，等她讲完了，才站起身，拿起门后的锄头，让女孩跟他下地去锄豆子。

老父亲在村西的岗地里种上了豆子，岗下是同村王叔家的花生田。由于岗下地比较肥，花生长得郁郁葱葱，生机勃勃。

父亲站在垄头的树荫下，指着岗下问："那是什么？"

"花生地。"

"这是什么？"又一指岗上。

"豆子地。"女孩疑惑不解地看着父亲。

"哪个长得好？"

女孩看看岗上，又望望岗下，在心里比较了一下："当然是花生长得好！"

父亲说："无所谓长得好与坏！豆子就是豆子，花生就是花生，两样种子两样的苗，比不出好坏来！"

女孩仍有些不解，父亲又说："咱家的豆子能长出花生来吗？"

"不能。"

"你王叔家的花生能结出豆子来吗？"

"那也不能。"

"是啊！就跟种地一样，人不能胡乱地和别人攀比。甭管人家的花生长得咋样，你只要种好你的豆子就行！"

尺有所短，寸有所长。每个人都拥有缺点和优点，有的人优点突出些，有的人则显得平淡。但没有必要垂头丧气，反正总有一片风景是属于你的，而你会在那片风景里比任何人都显得得心应手。

每个人只应该做最优秀的自己，而不要去做最好的别人。不要对自己不满意，每个人都想完善自己，但每个人都有值得别人羡慕的地方。

世间万物，各有所长，不必艳羡；人的价值，在于自我回归，把自己的优点充分放大。正如世界上没有相同的两片叶子，每个人都有自己的生活与追求。何去何从，没有人可以替自己决定。

个性优化也要从实际出发、因人制宜；气质不同的人在个性优化之后，也不会成为气质一致的人。再者，要改变的是自己个性中需要改变的地方，而不是让自己不像自己。如果想成为学者，可以静下心来专心做学问、肯钻研、有定力就是优点。每个人都有自己独特的价值，优化自己不是全盘否定自己，东施效颦、邯郸学步是绝不可取的。自己要走的路，要根据自身条件来选择。

善用你自身所具有的优秀品质，充分认识自己的能力，是你走出迷失自我，拥抱成功朝阳的基础。

以别人的目标为目标，那永远只能做别人第二。想有成就，就要自己开路，并且使用自己的见解和方式走向理想，只是为你所独有的。老子说："以其不争，故天下莫能与之争。"

贵为知识时代的建设者，站在巨人肩膀上的新人类，更应当拥有独立的意识和见解，要勇于创新，敢于向陈规挑战。

祛魅：你以为的真是你以为的吗？

人生是属于自己的，复制别人的成功是弱者的选择，这样的人生更是一种悲哀，我们应当成为自己人生的主宰者和开拓者。

祛魅小技巧

世界上没有相同的两片叶子。尺有所短，寸有所长。每个人都有自己独特的价值，优化自己不是全盘否定自己。每个人只应该做最优秀的自己，而不要去做最好的别人。

关注样貌，不如关注自己的身体

> 心灵的伟大表现得并不明显，因为它总是把自己隐藏起来，一点小小的创见往往就是它的全部表现。心灵的伟大远比我们设想的更为常见。
>
> —— 司汤达

三十几岁的女人，习惯把更多的时间和精力留给工作和家人，压力最大，身体最劳累。长期处于这种状态下的她们，免疫力难免下降，除了容易与各种妇科病结缘以外，像胃病、内分泌失调等疾病也纷至沓来。学会给生活做减法，是她们拥有健康的真谛。

某权威机构曾做过一份关于女性关注美丽与健康的比例调查。结果显示，在数千名被调查者中，有70%的女性更加注重美丽，而关注健康的女性只占30%。这一数字与发达国家女性对比，恰恰相反。

祛魅：你以为的真是你以为的吗？

这充分表明，我国女性对健康不够重视。长此以往，问题是十分严重，比如现在经常见诸报端的女性亚健康问题、过劳死问题等。曾经有一个十分形象的比喻：健康是1，其他都是0，譬如财富、智慧、美丽、工作、梦想等。只有当1存在时，其余的0才有存在的意义；如果1不存在了，其他0再多也是枉然。细细品味个中道理，的确发人深省。

因此，不管你扮演什么角色，不管你多么富有，都要开始重视自己的健康。因为健康不会因你的地位、财富、权力变化而变化。尤其对于女人而言，天生丽质的女人固然备受瞩目，可是没有健康的支撑，这种美丽也不过昙花一现。

当然，衰老不可避免，但是总可以想方设法让衰老的脚步放慢些，再慢些。因此，长期的精心保养必不可少，而健康的生活方式才是最根本的。女人若能适时而动，并懂得及时调整自己的生活态度，往往就会发现，三十岁远非女人青春的终结，而是另一个美丽的开始。

李佳，三十三岁，某公司人力资源部主管。

刚过三十岁，她就发现自己的身体越来越差：身材干瘦，面色发黄，体质虚弱，还患有严重的贫血，总是感觉体弱无力，经常在上班途中晕倒。造成这些情况的根本原因就是不健康的生活方式，比如偏食、不经常锻炼等。

尽管身体如此羸弱，仍未引起她的足够重视。她反而觉得身材瘦弱更好，省得减肥了，直到近来老是被同事取笑说："你瞧瞧你那'豆芽菜'的身材，再瘦下去就剩骨头了；每次打球打一个小时便上气不接下气；爬山总是爬到一半就气喘吁吁，还不如年逾古稀的老人。"李佳听了，这才如梦初醒。

为了改善自己的身体状况，李佳觉得应该从改变生活方式开始，比如勤锻炼，不熬夜，少喝酒，早睡早起。经过将近一年的努力和坚持，她感觉不管是自己的体质还是肤色都比以前好了很多，脸色也变得呈现白里透红，再也不像以前那样脸色蜡黄。她说："我会把这些健康的生活方式一直坚持下去。"

健康的生活方式包含很多方面的内容,如吃什么,如何吃;如何根据季节、气温变化穿衣;如何根据季节、时间变化合理安排睡眠时间;如何出行,如何运动……总之,健康的生活方式就是要在吃、穿、住、行等各个方面做到顺应自然,做到有节制,张弛有度。只有这样,你才能获得健康。

除此之外,最为重要的就是,千万不要到了三十几岁就要破罐子破摔,坚持健康的生活方式从现在开始,如果真等到了四五十岁时才想起改变,那可能就来不及了。

值得庆幸的是,已经有越来越多的女性逐渐认同"有健康,才有美丽"这一全新观念——现代女性在追求形体美的热潮中,已经开始认识到:拥有健康的身体,才是拥有一切的基础。

祛魅小技巧

健康是1,其他都是0。衰老不可描写,但是总可以想方设法让衰老的脚步放慢些,再慢些。防止和延缓衰老的关键,是保持健康的生活方式,就是在吃、穿、住、行等各个方面做到顺应自然,做到有节制,张弛有度。

第五章
对爱人祛魅，世界上不存在完美恋人

爱情故事中总是充满了对完美伴侣的描写，但是现实生活中，寻找一个无瑕的爱人只是一种幻想。理想中的爱情与现实之间有一定的差距，寻求完美伴侣可能会给自己带来一些挑战和压力。在生活中，我们要学会接受和欣赏伴侣的不完美，学会在关系中培养真正的理解和深刻的连接。通过对爱人的祛魅，我们可以更加珍惜那些真实而不完美的瞬间，并且学会在爱情中成长和进步。

祛魅： 你以为的真是你以为的吗？

对恋人祛魅，爱上一个人也要保持清醒

> 不成熟的爱是——因为我需要你，所以我爱你；成熟的爱是——因为我爱你，所以我需要你。
>
> —— 埃里希·弗洛姆

我相信很多人都有过这样的经历，当我们遇到一个心仪的对象时，就会不自觉地把他（她）放在神坛上，认为他（她）是完美无缺的，是我们此生的唯一。我们会为了他（她）做出很多牺牲，甚至忽视自己的感受和需求，只想让对方开心。我们因为他（她）的一言一行，一颦一笑，感到无比的幸福和满足。我们会觉得自己是世界上最幸运的人，因为有他（她）在身边。

但是，这样的爱情真的健康吗？这样的爱情真的能持久吗？我认为答案是否定的。因为这样的爱情其实是建立在一种幻想和错觉之上的，是一种没有理性和平衡的爱情。当我们对恋人过分地崇拜和迷恋时，我们就会失去自己的判断力和批判性，我们就会忽略他（她）的缺点和不足，我们就会容忍他（她）的错误和伤害。我们就会变成一个没有主见和个性的人，只会顺从和迎合对方。这样的爱情不仅会让我们失去自我，也会让对方失去对我们的尊重和信任。因为没有人喜欢一个没有自信和自尊的人，没有人喜欢一个没有原则和底线的人。当对方发现你不是他（她）心目中的那个人时，他（她）就会感到失望和厌倦，他（她）就想寻找新的刺激和挑战，他（她）就会离你而去。

所以，我建议，大家在爱情中要对恋人祛魅，爱上一个人，也要保持清醒的头脑。我们要认识到恋人也是一个普通的人，也有优点和缺点，也有长处和短处。我们要尊重和接受恋人真实的一面，而不是只看到他（她）表面的光鲜和美好。我们要用理性和客观的眼光去评估恋人是否适合自己，是否能给自己带来幸福和促进自己成长。我们要保持自己的独立和个性，不要为了迎合恋人而放弃自己的价值观和原则。我们要有自己的兴趣和爱好，不要把所有的时间和精力都投入到恋情中。我们要有自己的朋友和社交圈子，不要把恋人当成自己唯一的依靠和支撑。

当我们对恋人祛魅时，并不意味着我们不爱他（她）了，而是意味着我们更加成熟和理智地爱他（她）了。当我们保持清醒的头脑时，并不意味着我们冷漠和无情了，而是意味着我们更加健康和平衡地爱他（她）了。只有这样，我们才能拥有一份真正美好和持久的爱情。

小美曾经和一个男孩在一起，他是小美认为的理想伴侣。他聪明、有趣、体贴，两人有很多共同的兴趣和爱好。他们相处得很愉快，也很相爱。小美认为，他们会一直幸福下去。直到有一天，小美发现了他的一个秘密。

他是一名赌徒，身上背负着巨额债务。他每天都会去赌场，把自己的工资和借来的钱输光。他不敢告诉小美，也不敢向家人求助，越陷越深。当小美知道了这一切后，感到非常震惊和失望。小美不明白他为什么要这样做，也不知

祛魅：你以为的真是你以为的吗？

道该怎么办。

小美本来想劝他戒赌，帮他还清债务，让他重新开始。但是他不听小美的话，还说小美不理解他，不支持他。他觉得赌博是他的唯一出路，是他的激情和乐趣。他甚至威胁说，如果小美不给他钱，就分手。小美虽然很爱他，但是也不能让自己陷入困境。

最后，小美做出了一个决定。小美选择了离开他，结束两人之间的关系。虽然这让小美很痛苦，但是小美知道这是对她最好的选择。小美觉得不能让自己成为他赌博的帮凶，也不能让自己失去尊严。她要保持清醒的理智，为自己的未来负责。

这件事情让小美明白了一个道理：爱一个人，并不意味着要无条件地接受他的一切。我们也要有自己的底线和原则，不能因为爱而盲目妥协。我们首先要爱自己，才能更好地爱别人。

在这个浮躁的时代，很多人都渴望找到真爱，但是真爱并不是一见钟情，也不是一时冲动，需要经过时间的考验和双方的努力。我认为，爱一个人，应该遵循以下三个原则：

1. 爱自己

爱自己，是爱别人的前提。如果你不爱自己，不尊重自己，不照顾自己，你怎么能期待别人对你好呢？爱自己，也意味着要有自信，有自我价值感，有自己的目标和理想。只有这样，你才能吸引真正适合你的人，也才能给对方带来正能量和快乐。

2. 爱对方

爱对方，是爱情的核心。如果你爱一个人，你就要尊重他、理解他、支持他、包容他、信任他。你要关心他的喜怒哀乐，理解他的梦想和困惑，接受他的优点和缺点。你要陪伴他渡过难关，分享他的成功和快乐。你要给他足够的空间和自由，让他保持自我和个性。你要与他沟通和协商，解决问题和矛盾。

3. 爱生活

爱生活，是爱情的延续。如果你们相爱，你们就要一起创造美好的生活。你们要有共同的兴趣和爱好，有共同的价值观和目标，有共同的责任和义务。你们要一起旅行和探索，一起学习和成长，一起工作和奋斗。你们要一起享受生活中的点滴幸福，一起面对生活中的挑战和困难。

总之，爱上一个人，也要保持清醒的理智。不要盲目地投入感情，也不要轻易地放弃感情。要用心去经营爱情，用智慧去维护爱情。只有这样，你才能找到真正属于你的那个人，也才能拥有真正幸福。

祛魅小技巧

在爱情中，要对恋人祛魅。爱上一个人，要保持清醒的理智。爱一个人，应该遵循三个原则：爱自己，爱对方，爱生活。

恋爱时变得小心翼翼，会丢失自我

> 真正的爱情始终使人向上。
>
> —— 小仲马

恋爱是一种美好的情感，但也是一种需要付出和承担的责任。当我们遇到喜欢的人，我们会想要给他们最好的一面，也会想要满足他们的期待和需求。这本身没有错，但是如果过度地迁就和牺牲，就会忽略自己的感受和价值。我们会变得不敢说出自己的想法和感受，不敢做出自己的选择和决定，不敢展现出自己的个性和特色。我们会担心如果做了这些，对方会不喜欢我们，会离开我们，会伤害我们。我们会把自己的幸福寄托在对方身上，而忘记自己也是一个独立的个体，也有自己的需求和权利。

这样的恋爱是不健康的，也是不可持续的。因为当我们失去了自我，我们就失去了恋爱的动力和意义。我们不再是一个完整的人，而是一个依赖和服从的人。我们不再是一个有吸引力和魅力的人，而是一个乏味和平庸的人。我们不再是一个有自信和自尊的人，而是一个没有安全感和自我价值的人。这样的我们，怎么能让对方爱我们呢？怎么能让自己快乐呢？

所以，恋爱时要保持自我，要坚守自己的原则和底线，要表达自己的想法和感受，要做出自己的选择和决定，要展现出自己的个性和特色。这样才能让对方真正了解和尊重你，才能让你们之间建立起真正的信任和亲密。这样才能让你保持自己的魅力和活力，才能让你享受恋爱的过程和结果。这样才能让你拥有真正的幸福和满足。

当然，保持自我并不意味着固执己见或者无视对方。恋爱还需要沟通和妥协，需要考虑对方的感受和需求。保持自我只是意味着在恋爱中不要失去自己最本质的东西，不要为了迎合对方而放弃自己。只有这样，你才能找到一个真正适合你、爱你、珍惜你、支持你、成就你的人。

我在网上看到过一篇文章，作者是一个名叫小林的女孩。她分享了自己的恋爱经历，让我感触很深。她说，她曾经和一个男孩相恋，但是她总是担心自己做错了什么，或者说错了什么，会让他不高兴。她总是想着要迎合他的喜好，想表现得完美，想让他觉得自己是他相处过的最好的女朋友。她甚至为了他改变了自己的穿着风格，放弃了自己喜欢的音乐和电影，甚至疏远了自己的朋友。她觉得只要他开心，自己就开心。

但是，她渐渐发现，他并不像她想象的那样爱她。他对她的关心和体贴越来越少，他经常忽略她的感受和需求，他甚至有时候会对她发脾气或者冷落她。她开始怀疑自己是不是做得不够好，是不是还有什么地方可以改进。她越来越没有自信，越来越不快乐。

后来，她终于鼓起勇气和他分手了。她说，她意识到自己在这段感情中失去了自我。她忘记了自己是谁，自己喜欢什么，自己想要什么。她说，恋爱不

祛魅：你以为的真是你以为的吗？

应该是牺牲自己来取悦对方，而应该是两个人互相尊重和支持，共同成长和进步。她说，她现在重新找回了自己的兴趣和爱好，重新结交了新朋友，重新感受到了生活的乐趣。她说，她现在更加爱自己了。

我觉得这篇文章很有启发性。我想对小林说：你做得对，你值得更好的爱情。在爱情中，为了对方而变得小心翼翼，这是一种错误的恋爱观念，也是一种危险的恋爱行为。如果你发现自己在恋爱中有这样的倾向或者问题，请及时调整和改变。

那么，在恋爱中如何保持自我，而不为了迎合对方而改变自己呢？

1. 恋爱是一种互相尊重和理解的关系，而不是一种控制和服从的关系

如果你在恋爱中感觉到压力，不敢说出自己的想法和感受，或者觉得自己必须按照对方的要求去做事情，那么你可能已经失去了自我。你应该和对方坦诚沟通，表达自己的需求和期望，也尊重对方的选择和意见。你们之间应该有一个平等和健康的沟通，而不是一味地迁就或者牺牲。

2. 恋爱是一种互相成长和进步的过程，而不是一种停滞不前或者退步的过程

如果你在恋爱中感觉到自己没有进步，或者放弃了自己的兴趣和梦想，那么你可能已经失去了自我。你应该和对方一起努力，互相鼓励和支持，也给彼此足够的空间和时间去追求自己的目标。你们之间应该有一个积极和有益的影响，而不是消极或者有害的影响。

3. 恋爱是一种互相欣赏和珍惜的情感，而不是一种习惯或者负担

如果你在恋爱中感觉到无聊，或者觉得对方的付出是理所当然的，那么你可能已经失去了自我。你应该和对方一起创造美好的回忆，分享快乐和悲伤，双方也保持一定的神秘感和新鲜感。你们之间应该有一段深刻和真诚的感情，而不是浅薄或者虚假的感情。

总之，恋爱并不意味着要丢失自我。相反，恋爱应该是一种让我们更加认识自己，更加完善自己的方式。只有在保持自我的前提下，我们才能真正地爱上另一个人，也才能让另一个人真正地爱上我们。

祛魅小技巧

恋爱时要保持自我，要坚持自己的原则和底线，而不是为了迎合对方而改变自己。当然，恋爱还需要沟通和妥协，需要考虑对方的感受和需求。只有这样，你才能找到一个真正适合你、爱你、珍惜你、支持你、成就你的人。

祛魅：你以为的真是你以为的吗？

别把你的恋人，塑造成你偶像的结合体

> 在我看来，真正的爱情是表现在恋人对他的偶像采取含蓄、谦逊甚至羞涩的态度，而绝不是表现在随意流露热情和过早的亲昵。
>
> —— 马克思

你是否曾经思考过，你的恋人是不是真的适合你？你是否曾经试图改变他（她）的某些方面，让他（她）更符合你理想的伴侣形象？你是否曾经把你的偶像的特质，强加给你的恋人，希望他（她）能够成为你心目中的完美对象？

如果你有这样的想法，那么你可能正在犯一个很常见的错误：把你的恋人，塑造成你的偶像的结合体。

这种错误，不仅会对你的恋人造成压力和伤害，也会让你失去真正了解和欣赏他（她）的机会。更重要的是，这种错误，会让你忽视了一件事实：你的恋人，是一个独立的个体，有着自己的性格、喜好、价值观和梦想。他（她）不是你的附属品，也不是你的玩偶，更不是你偶像的复制品。

有一对恋人，男孩是一个音乐迷，女孩是一个运动迷。男孩非常喜欢一位著名歌手，女孩则非常喜欢一位著名运动员。他们相爱了，但是他们也有很多分歧。男孩希望女孩能和他一起听音乐，女孩则希望男孩能和她一起运动。他们开始互相要求对方改变自己的喜好，甚至改变自己的外貌。男孩想让女孩染头发、穿裙子、戴耳环，女孩则想让男孩剪头发、穿运动服、戴手表。他们觉得这样做，就能让对方更像自己心目中的偶像。

可是，他们错了。他们并没有因此而感到更加幸福，反而更加烦恼。女孩觉得男孩不尊重她的兴趣，男孩则觉得女孩不理解他的爱好。他们开始争吵、冷战、疏远。最后，他们分手了。他们发现，他们并不真正爱对方，而只是爱自己的幻想。

这个故事告诉我们，爱情不是一种塑造，而是一种接受。我们不能把我们的恋人，塑造成我们的偶像的结合体，而应该接受他（她）的本来面目。我们不能强求我们的恋人去符合我们的期望，而应该尊重他（她）的选择。我们不能忽视我们的恋人的差异，而应该欣赏他（她）的独特。

当然，这并不意味着我们就不能对我们的恋人有任何要求或建议。我们可以和我们的恋人沟通、协商、妥协，让彼此都能感到舒适和满意。但是，这些要求或建议必须基于对方的意愿和利益，而不是基于自己的偏好和利益。我们必须尊重对方作为一个独立个体的权利和尊严，而不是把对方当作一个附属物或工具。

爱情是一种分享，而不是一种占有。爱情是一种成长，而不是一种控制。爱情是一种欣赏，而不是一种批判。如果你能这样做，你就能拥有一个真正的恋人，而不是一个假想的偶像。

那么，为什么有些人会犯这种错误呢？有几个可能的原因：

1. 缺乏自信

有些人对自己没有足够的信心，觉得自己不够好，不值得被爱。所以，他们会寻找一些外在的标准，来衡量自己和恋人的价值。他们会把自己喜欢或崇拜的人，作为一种理想模板，来评判和改造自己和恋人。他们认为，只有这样，才能让自己和恋人更有吸引力，更受欢迎。

2. 缺乏安全感

有些人对恋情没有足够的安全感，觉得自己随时可能失去恋人。所以，他们会试图控制和占有恋人，让恋人完全按照自己的意愿行事。他们会把自己认为正确或合适的事情，强加给恋人，不顾恋人的感受。他们认为，只有这样，才能让恋人更依赖自己，更难以离开。

3. 缺乏沟通

有些人对恋人没有足够的了解和尊重，觉得自己比恋人更懂得什么是好的、优秀的。所以，他们会忽视和压制恋人的声音和需求，认为自己知道恋人想要什么。他们会把自己喜欢或习惯的事情，强加给恋人，让恋人接受，而不考虑恋人的喜好和习惯。他们认为，只有这样，才能让恋人更适应自己，更符合自己。

无论是哪种原因，都反映了一种不健康和不成熟的爱情观。爱一个人，并不意味着要把他（她）塑造成你想要的样子。爱一个人，并不意味着要让他（她）失去自我。爱一个人，并不意味着要忽略他（她）的感受。

真正的爱情，应该建立在相互理解、尊重、信任和支持的基础上。真正的爱情，应该让两个人都能够保持自己的个性、追求自己的梦想、发展自己的兴趣。真正的爱情，应该让两个人都能够感到快乐、自由、舒适。

所以，如果你真的爱你的恋人，就不要试图把他（她）塑造成你的偶像的结合体。而是要接受他（她）的本来面目，欣赏他（她）的独特之处，鼓励他（她）的成长之路。这样，你才能够和你的恋人，建立一种健康和持久的关系。

祛魅小技巧

爱情是一种接受，而不是一种塑造。爱情是一种分享，而不是一种占有。爱情是一种成长，而不是一种控制。爱情是一种欣赏，而不是一种批判。你是在和你的恋人恋爱，而不是和你的偶像恋爱，所以别把你的恋人，塑造成你偶像的结合体。

祛魅：你以为的真是你以为的吗？

什么都可以相比，唯独老公不能比

> 爱情的意义在于帮助对方提高，同时也提高自己。
>
> ——车尔尼雪夫斯基

在我们的家庭生活中，夫妻之间，常常会听到类似的声音：

"你看看人家，做着一样的工作，人家已经两次升职，你一次都没有！"

"我哥哥能给嫂子买皮草，他有本事赚钱，可你呢？"

"如果我不嫁给你，而嫁给他，也许我生活得没有这么累。"

这些话语听起来多么伤人啊。听到这些话，爱人肯定会感到心酸，家里难免会遭遇一场"暴风雨"。

女人总爱时不时地拿自己的老公和别人的老公进行比较，但是有的人不会表露出心迹，有的人却整天把别人的好挂在嘴边，在老公面前不停地说三道四。婚姻对于女人来说，重要的不是比较，而是享受，重要的不是看到别人拥有的，而是看到自己拥有的。不要拿别人的老公同自己的老公比较，要学会用欣赏的眼光去看待这个与自己朝夕相处的爱人，你的命运才会变得美好。

　　云鹏和雪琴的结婚纪念日到了。在下班回家的路上，云鹏专程买了一盒巧克力作为结婚纪念日的礼物送给雪琴。而雪琴在收到礼物的时候，并没有感到高兴，反而有点儿伤心，这好似一盆凉水泼在了云鹏的头上。雪琴说："邻家大姐的结婚纪念日，大姐的老公送给她一枚白金戒指，而且还订了蛋糕和甜蜜的烛光晚餐。而你竟然送我一盒廉价的巧克力。"云鹏听后感到很痛苦，很不是滋味，觉得雪琴给他的压力实在太大了。她不能理解他、支持他，反而很苛刻地要求他，这让云鹏伤透了心。

　　部分女人好像永远觉得自己的老公不如别人的老公好。好像全天下的男人就数自己的老公最差劲。不要在老公的面前讨论别人的成功，不要总说别人的老公好，就数落自己的老公没出息。老婆越是这样，老公越是毫无自信可言，别说进步了，只能是原地踏步，甚至是退步。对于大多数男人来说，让他拥有奋斗的力量莫过于老婆的鼓励。

　　老天是公平的，也许你觉得别人老公的优点是你的老公所没有的，但是如果你一直抱怨自己的老公不如别人，你可能会失去更多。要学会知足，不要总是盯着别人所有的，而忽视自己拥有的美好。

　　不要说谁的钱财比老公多，不要说谁的地位比老公高，不要说别人老公的职业比老公好，也不要说别人老公的事业比老公做得大。要知道，成功需要积累的，你的老公只是还停留在积累阶段，量变引起质变，一旦时间到了，成功自然是水到渠成。不论自己的老公有多少缺点，不论老公的地位如何，你都不应该用贬低的方式来刺激他，这样只能让他失去信心，止步不前。但是，你若说出一些鼓励的话语，则会起到相当大的激励作用。

祛魅：你以为的真是你以为的吗？

男人最讨厌自己的爱人拿自己和别人比较。想一想，你在老公面前谈论别人老公的成功，你老公的心里会好受吗？也许你只是一句玩笑，但是无意中伤害了老公的自尊心：你说这话是什么意思啊？看不起我？我没别人的老公好？男人会越想越生气，很有可能你的婚姻就会因此亮起红灯。

既然谈论别人的成功，只会让老公觉得自己不如人，脸上挂不住面子，还备受打击，女人又何必要开这个口呢？

爱他就要尊重他。不要埋怨你的老公没有给你太多温暖，你自己也想一想，老公从你这里得到了多少温柔；不要总是埋怨你的老公不是天上的月亮，不能让你为之骄傲，你也要想一想，你是不是地上的露珠，老公的心灵有没有得到你的滋润；也不要埋怨你的老公不是雨过天晴后的彩虹，没有为你撑开理想的雨伞。女人最愚蠢的行为莫过于拿自己的老公和别人比较。如果不想让婚姻亮起红灯的话，请好好善待你的老公吧。肉体上的伤可以治愈，但是精神上的创伤很难愈合。

懂得满足的女人才能最大限度地拥有幸福。聪明的女人绝对不会干出拿自己老公和别人比较的傻事，假如无意中谈到别人的老公，她也会及时补充说："他们是能干，但是没有你这么体贴，你在我眼里最好，亲爱的！"这么一说，老公也自然开心。

老公是用来爱的，不是用来比较的。不要总说人家老公如何、人家的老公怎样等。你是他的妻子，而且还要和他厮守终身，这样做对他来说，深深地伤害了他的自尊心。你这样做的同时，也贬低了自己。对于大多数男人来说，辱骂没有赞赏和鼓励更能让他们有奋进的力量。

祛魅小技巧

老公是用来爱的,不是用来比较的。爱他就要尊重他。婚姻对于女人来说,重要的不是比较,而是享受,重要的不是看到别人拥有的,而是看到自己拥有的。对于大多数男人来说,让他拥有奋斗的力量莫过于老婆的鼓励。

祛魅：你以为的真是你以为的吗？

你的老公，真的有那么差吗

> 婚姻不幸福，不是因为缺乏爱，而是因为缺乏友谊。
>
> —— 尼采

男人在婚前是非常受女人崇拜的。婚后，女人开始对男人变得挑剔，总觉得自己身边这个男人和心中想象的模样渐行渐远，没有了婚前崇拜感。其实不是男人变差了，而是你的心态产生了变化。

电影《大话西游》里有这样一段经典台词："曾经有一段真挚的爱情摆在我面前，我没有珍惜，等到失去后才追悔莫及。"抛去故事情节不说，从这句话中我们可以看到，主人公的追悔不是因为没有得到幸福，而是幸福一直在身边，却没有被发现，没有得到珍惜。

婚姻的幸福就是这样，在你没有得到的时候，就会有一种强烈的期待，当你得到的时候，就会觉得自己是这个世界上最幸福的人。但是，当你步入婚姻生活后，当初的那种幸福又被你远远地抛在脑后。

随着结婚时间的增长，夫妻俩遇到越来越多的日常生活问题，双方对共同未来的信念也开始有所动摇。这个时候，很多女人都会觉得她们的另一半完全不是婚前相爱时想象的那个样子。

齐玉在部队大院里长大，关系要好的女生有五六个。大家年龄相仿，陆陆续续都结婚了。齐玉的老公在几个闺密的男友里算是最优秀的一个，身高将近一米九，外貌俊朗，而且还是个公务员。朋友动不动就夸奖她老公，齐玉听着心里美滋滋的。

后来，齐玉心里渐渐产生了失落感。因为随着时光的推移，老公往日的俊朗渐渐不复存在。大家看习惯了，也不再称老公是帅哥了。聚会时，大家热聊的话题变成了谁买了豪宅、豪车，谁的老公开的公司盈利值达到了多少。每每聊到这些，齐玉心里就开始不平衡起来。朋友都安慰她，说她老公的工作稳定，虽然不会赚到什么大钱，但是可以顾家。齐玉听完这些话觉得心里更别扭，她认为说一个人顾家就意味着这个人没用。

齐玉夫妇周末应好友之约一起去吃饭。好友的老公身高只有一米七，与好友恋爱时说话都磕巴，现在却当了总经理，全身都是名牌，话语间对齐玉夫妻透着轻蔑。齐玉为此感到十分沮丧，以身体不适为由提前回家，一路上她都没怎么搭理老公。

女人不要一味地沉浸在最初得到幸福时的回忆里。一味地追求幸福最高点时的感受，只会忽略爱人的关爱，把微小的矛盾扩大化，从而更加感受不到幸福。

婚姻中的女人千万不要因为得到太多而忽视幸福，不要丧失对幸福的敏感。不要轻易说自己的老公这不好那不好，往往不是因为你的老公不好，没有

祛魅：你以为的真是你以为的吗？

给你幸福，而是你在幸福中变得麻木了。当你固执地摆脱"不幸福"的现状后，也许你又会后悔自己做出这样的选择。所以一定要理性看待自己，看待婚姻，千万不要用别人的幸福标准来衡量自己，否则，只能让自己和幸福失之交臂。

有些女人总喜欢用这样的口吻来说自己的老公："看你那样子！除了能干点儿家务活，你什么都干不了，你看看咱们邻居，一年能挣个几百万，人家老婆天天出没于各种高级会所，你的无能造就了我这个黄脸婆！"如果老公也能挣几百万元，她又会说："你一天就知道工作，也不知道带我出去玩，人家谁的老公总是带她去旅游，你有陪过我吗？"如果老公陪过她，她又会说："你也不帮我干点儿家务，成天就知道上网、看电视，我每天这么累，你都不懂得体谅体谅我？看别人的老公都知道心疼自己老婆，总是帮着做家务，哪像你啊！"

步入婚姻生活后，恋爱时的浪漫不复存在，因为婚姻生活给夫妻双方带来更多的责任。若女人一味追求恋爱时的感觉，就会对现状产生不满，逐渐也就失去了幸福感。其实，你根本就没有失去什么，你的老公还是和恋爱时一样关心你、呵护你，所以女人一定要懂得知足。要始终觉得你的老公是最好的，你的婚姻生活是幸福的。不要让一味的挑剔阻挡了你幸福快乐的阳光，破坏了你美好和谐的家庭。你要相信自己的选择，老公始终是最好的，不要因为自己的挑剔和不满足而觉得老公不够好。

有位哲学家曾说："每一种事情都变得非常容易之际，人类就只有一种需要了——需要困难。"有了困难，才知道挣钱辛苦；有了困难，才知道家庭对自己是多么重要。在通往幸福和富裕的生活时，千万别忘了粗茶淡饭的三餐，别忘了遇到困难时相互扶持的日子。只有忆苦，才懂得思甜。

大部分女人，不是不幸福，只是得到的太多，没有意识到要珍惜。幸福是需要彼此之间相互提醒的，因为我们常常忽略了身边的幸福，正印证了那句老话"身在福中不知福"。人们经常以为自己已经永远失去了幸福，其实错了，幸福一直都在你身边，抓住它，别让幸福溜走。很多时候，并不是老公没有给你幸福，而是你少了一颗感受幸福的心。

祛魅小技巧

要理性看待自己，看待婚姻，千万不要用别人的幸福标准来衡量自己，否则，只能让自己和幸福失之交臂。你不是不幸福，只是得到的太多，没有意识到要珍惜。

祛魅：你以为的真是你以为的吗？

求同存异，学会拥抱彼此的差异

> 如果爱情不允许彼此之间有所差异，那么为什么世界上到处都有差异呢？
>
> —— 泰戈尔

男人结婚时的心理是：她值得我爱。女人结婚时的心理是：他真的爱我。

在伊甸园的故事中，当亚当和夏娃第一次相遇时，不禁惊呼："哇！我们原来并不是一样的！"

爱情都是从差异中产生吸引开始的。生命中奇妙而美好的事就是被那些和我们不尽相同的人吸引，我们都希望那个人在一定程度上能让我们更加完善。

但是，一旦当两人踏入婚姻殿堂，就会产生一种无形的力量，驱使其中一方产生改变对方的想法。产生这种想法是可以理解的，因为按照常理，和一个与自己想法相同的人生活，无疑是一件快乐的事情。然而，这种想法只是一厢情愿，对方并不会被你改造。

我们必须学会发现对方的特点，进而去习惯和喜欢这种特点，让彼此的差异都得到对方的接纳和欣赏。婚姻是相互的，只有充满了两个人影子的婚姻才是幸福的。

夫妻之间的差异能够发挥其真正美好效果的第一步就是先要会做你配偶的倾听者。也就是说，要懂得谦让，站在他（她）的位置上去替他（她）着想。理解是第一位的，试问一下自己，你知道爱人的喜好吗？他的优点和缺点是什么？他有怎样的生活习惯，自己和他的处事方式有何不同，不同在哪里？

小曾参加同学聚会时候说起自己的婚姻，感慨道："夫妻两个人文化差异和价值观的不同真是婚姻的不幸。"

小曾说："我老公和我是一个村的，两人不陌生也不熟。我念完大学，家里就开始张罗我的婚姻大事。我妈说，他这人不错，勤快、老实，模样也俊。当时我也没多想，心想大家离得那么近，婚后回娘家也方便。就这样我和他结婚了。婚后，我才明白，我和他之间有不小的差距。他读完初中，就步入社会了。而我是本科毕业，我俩平时很少在一起看电视，原因很简单，看不到一块去。他喜欢看电视剧，我偏爱新闻，尤其是国际新闻。有一回，为了看电视还吵了一架，他居然还讽刺我说：'这么喜欢看新闻，怎么也没见你去做外交官啊。'我当时很无语，觉得他不但肤浅，不懂得尊重人，而且还蛮横。我和他真正的矛盾在于生不生孩子的问题上。结婚之前，我就明确地向他表示，我这辈子是不会生孩子的。他说，要不要孩子现在说还早，到时再说吧，要不要其实也无所谓。但是婚后，他却明示加暗示地和我说了好几回想要孩子。我烦不过，就说：'婚前你不是说要不要孩子你都无所谓吗？'他就反问：'一个女人，不生孩子，算是哪门子的事？这事不是你一个人说了算！'后来他语气软了下来，他说：'就算你不为我考虑，也得为你妈，为我妈想想，难道老人不想抱孙子？'

祛魅：你以为的真是你以为的吗？

现在有很多这样的丁克家庭，照样过得很幸福。在他的眼里，老婆的任务就是帮他传宗接代。真是不知道要怎么收场。"

两个人有差异是必然的，你要做的就是拥抱真实的爱人。也就是说即便对方身上存在很多缺点，你爱他依然要爱得真诚。谁都有缺点，我们的主观意志并不能改变这些缺点。两个人逐渐走到一起的过程其实就等同于逐渐亲密，而不是两个人合二为一、变得毫无差异的过程。煞费苦心地去引导对方做出改变，只会适得其反。我们要调整好自己的心态，这才是最有意义的改变。当我们以妻子的身份和他竞争者的身份去看待对方的时候，就会明白并肩作战和对垒为战哪个更重要了。

祛魅小技巧

爱情都是从差异中产生吸引开始的。你必须学会发现对方的特点，进而去习惯和喜欢这种特点，让彼此的差异都得到对方的接纳和欣赏。

死盯着对方的短处，
不如放大他（她）的长处

> 已婚的人从对方获得的那种快乐，仅仅是婚姻的开头，决不是其全部意义。婚姻的全部含义蕴藏在家庭生活中。
>
> —— 托尔斯泰

世界上没有完美的人。当你和另一半生活在一起的时间逐渐变长，双方都会缩小对方的优点放大对方的缺点，这就需要一个磨合的过程。有的人在发现伴侣的某一缺点时，总会揪着这个短处不放，并且成为每次争吵时攻击他（她）的理由，这样的做法是相当不明智的。

夫妻之间想要拥有幸福的婚姻生活，需要的就是宽容和谅解。婚姻质量好坏的前提就是彼此之间的包容，发现对方的长处，忽略对方的不足。你如果紧

祛魅：你以为的真是你以为的吗？

盯着对方的短处不放，自己自私的一面就在无形中被暴露出来。如果总是提到对方的不足，不仅伤害了对方的自尊心，更加速了婚姻走向破裂的速度。

齐露的老公有便秘的毛病，每次上厕所都要40分钟到一小时，而齐露一开始并不知道这个情况。齐露有一天早晨起来着急去厕所小便，发现老公在卫生间。齐露就问老公多久能"解决战斗"，但是都没得到老公的回应。

齐露害怕了，她认为老公是不是在卫生间里昏倒了，就开始砸门，边砸边喊："老公你怎么了？你怎么不回答我啊！"这样，她老公才勉强回了她一声。齐露很生气，质问他为什么不出声让她担心。她老公说上厕所不能说话。

后来矛盾升级了，齐露的老公每次都比齐露早起床，所以齐露每天早上都要忍很久才能上厕所。于是齐露要求她老公在早上去厕所之前先叫一下她，她要先用洗手间。但是齐露的老公早上从来没叫过她，于是齐露开始反击了。她每晚很早就睡觉，为的就是第二天一早先老公一步"抢到"卫生间。

现在换成齐露的老公踹门了，后来发展成用椅子砸门，再后来吵架齐露都是拿老公上厕所的事作为导火索，最后的结果就是离婚。

每个人都有一些或大或小的毛病，如果你能用一颗宽容和理解的心去对待自己的伴侣，遇到问题的时候商量着去解决，这些毛病不仅不会成为婚姻的绊脚石，可能还会转化成夫妻间的浪漫元素。所以一定不要揪着伴侣的短处不放，更不要在每次吵架的时候揭伴侣的短，让伴侣的自尊心受到严重伤害，最后导致不可挽回的结果。

生活中，每个人难免在无意间会犯下一些错误。当你犯错误的时候得到了别人的宽容和原谅，那么，当别人犯错的时候，也请你用这样的方式去对待别人。其实，紧抓伴侣的错误不放，自己会更痛苦。每个人身上都有缺点，也难免会犯下一些错误。人性的弱点就是这样。同在屋檐下，夫妻间总是用显微镜去看对方，大部分时候，我们总会忽略对方的优点，放大对方的缺点。

一个女人刚结婚不久，她总喜欢在父母面前抱怨老公。父亲听了，在一张白纸上画了一个黑点。然后，他拿着这张带有黑点的白纸问女儿："白纸上面是什么啊？""当然是黑点啊。"父亲再问："那你还能看到什么呢？"女儿仍然说："我只能看到一个黑点啊！"父亲说："难道除了黑点，你就看不到纸上还有这么一大片白的地方吗？"聪明的女儿马上理解了父亲的用意。

回到家中，她换了一种眼光看丈夫。观念的转换，让她发现了丈夫身上诸多的优点和闪光点。这时，她才想起那句话："入芝兰之室，久而不闻其香。"原来自己总是在放大丈夫的不足，而忽略了他的长处。

很多人都对伴侣身上的"黑点"一目了然，如果一"点"障目，天长日久，就会越看越黑。夫妻感情难免生长出枝枝节节，等到修剪时就困难重重了。俗话说："金无足赤，人无完人。"事物都有正反两个方面。如果你只看到黑点，那么，你的世界只会是一片黑色，它让你产生诸多负面情绪，这些负面情绪会使你丧失原本属于你的幸福感；如果你看到的是一大片白色，那么，你的心境将会变得无比清净，烦恼和争吵也将会在你的世界里不复存在。

在对待伴侣无关痛痒的"黑点"问题上，我们可以视而不见，多一些包容和谅解，才可以在会心一笑中擦去"黑点"。当你能够看到整张白纸时，就会变得宽容，从而增长一分理智，拥有一颗暖人的爱心。

请收起挑剔的目光，拿起放大优点的放大镜，以律人之心律己，以恕己之心恕人，你会发现那个黑点竟然是那么渺小，你就不会因此而烦恼，你就会觉得自己还能拥有这么多白色的地方，伴侣的短处也就变得微不足道，你们的婚姻生活也会变得幸福和谐。

祛魅：你以为的真是你以为的吗?

> ### 祛魅小技巧
>
> 　　不要总是戴着显微镜去看对方，那样你会忽略对方的优点，放大他（她）的缺点。拥有幸福的婚姻生活，需要的就是学会宽容和谅解对方。你要学会发现对方的长处，忽略对方的不足。

女人，一定要自己创造未来

> 一个女人如果打算写小说的话，那她一定要有点钱，还要有一间自己的房间。
>
> —— 弗吉尼亚·伍尔夫

有些女人结婚后就回归了家庭，于是男主外女主内就成了理所当然。她们在厨房的油烟中渐渐变成了黄脸婆，她们在漫长的家务劳动中耗尽了对事业的追求，成了"与世隔绝"的一员。就是这样，有些女人还是没有醒悟，她们认为婚姻就是这个样子。

有些女人，总是将自己的希望寄托在别人身上，所以，她们不断地催促老公和孩子努力奋斗，但是她们忘记了自己仍然在原地踏步。家庭不是女人的全部，女人首先是属于自己的，其次才是家庭，最后是社会。这样，女人才会将自己的生活打理得井井有条。家庭对女人来说不应当是终点，而应当是她们的

祛魅：你以为的真是你以为的吗？

加油站。

芸香的老公大她三岁，因为家境殷实，芸香辞职做起了家庭主妇，整日操劳家务，服侍公公婆婆。老公在外面打拼事业，一年也回不了几次家。好不容易生下了女儿，却使得她在那个重男轻女的家庭里彻底失去了地位。婆婆对她的态度尤为恶劣。老公回家的次数也越来越少，后来在外面有了别的女人，要和她离婚。

离婚后的芸香没有工作，也没有可靠的朋友。她自己带着孩子异常艰难，别人都劝她再嫁。可是她坚决不赞同，她觉得"后爸"会亏待孩子。她办了一个幼教班，以此来维持生计。三十岁的女人看上去像四十多岁的年纪，她常说："我这辈子就这样了，就指望我女儿了。如果不是因为女儿，我早就活不下去了。"

芸香结婚的时候整日为丈夫操心，离婚后整日为女儿忧心，却从没想过善待自己。步入婚姻，她们生活的全部就变成了家庭。久而久之，丈夫和孩子对你的付出和牺牲习以为常。他们享受你做的一切都是理所当然，从未考虑过你这样做所付出的代价。

女人一定不要放弃对事业和精神的追求。一个没有事业的女人，整日以家庭为重心，她怎么会有地位？女人只有在事业和精神上独立，才能在婚姻中占据有利地位。就像有人说的那样："不要因夫为荣，要以己为荣。"

女人的人格也应该独立，整天围着丈夫和孩子团团转，只会让自己对事业的追求心消失殆尽。女人一定要有自己独立的交际圈。不要把家庭当作自己生活的全部，否则，你的世界就会越来越小，终究有一天会和这个社会脱节，进而和在外面打拼的丈夫失去了共同语言。女人更不能出于迎合丈夫的目的，而让自己的个性丢失！男人是不会看重这样的女人的。

绝大部分女人整天把自己封闭在家里，做这做那，从来没想过为自己做点儿什么事情。你忽视自我的付出，只会让丈夫轻视你；你的节衣缩食，只会让丈夫和你渐行渐远；你对孩子骄纵宠爱，只会让孩子变得刁蛮任性。因为你担心自己不付出后，丈夫和孩子就过得没那么舒心了。

别把自己的心堆放得太满，给自己留一些空间，做一些自己喜欢的事情。找一个适合自己的消费场所，当不开心的时候就去那里坐坐，高兴的时候也去那里走走看看。你也可以叫上好友陪你重游一次你儿时最爱的地方。平日里，也可以约上一众好友，到家里来聚餐、聊天，从而让心里的压力得到释放。

对于女性而言，完善自我，改造自身，这是她们永恒的话题。女人不仅要让外表变得光鲜靓丽，也要把心态调整好。除了家务事，你们还有很多事情可以做。其实，想要你的生活变得有趣味，只要你懂得改变和接受，就可以做到。

女人一定要学会在婚姻生活中找准自己的定位，不要把所有精力都奉献给丈夫和孩子，更不能将自己一生的幸福全然依赖男人。你除了是家庭整体中不可缺少的一部分，你还是自己的个体，所以，女人一定要自己创造未来，活出自己的精彩。

祛魅小技巧

女人不要将自己的希望寄托在别人身上。家庭不是女人的全部。女人首先是属于自己的，其次才是家庭，最后是社会。女人一定不要放弃对事业和精神的追求。女人只有在事业和精神上独立，才能在婚姻中占据有利地位。

结婚以后，也别停止自己的追求

> 一个人不是生下来就是女人，她是变成女人的。
>
> —— 西蒙·波伏娃

聪明的妻子懂得：男人不喜欢太缠人的女人，但是当女人表现出对他满不在乎的态度时，他便会主动去关注妻子的生活。可能这是一种逆反心理，也可能是出于他的好奇，或许两种都有。

大多数女人步入婚姻后，她们只要自己的家庭，她们不惜牺牲事业、亲人、朋友。只要能天天和爱人腻在一起，她们什么都可以放弃。但是她们浑然不知自己已经渐渐和这个飞速发展的社会脱节。一个女人如果把婚姻当成全部，那么，她最终收获的将是失望。

女人要长期吸引一个男人，就要始终保持自己独立的个性和立场，始终有自己可以做的事情，有永远停不下来的追求。

女人步入婚姻后，就常常以家庭为重，渐渐失去方向。青青也不例外，为了丈夫和孩子牺牲了自己的追求，甚至放弃了自己喜欢的职业。

偶然的机会，青青看了一个女性访谈节目，讲的就是如何在婚后做一个有追求的女性：重新设计自己，发现自身内在的价值，热爱生活，珍惜生命，重新创造生命的亮点。播种一个思想，收获一种行动；播种一个行动，收获一种习惯；播种一个习惯，收获一种性格；播种一个性格，收获一种命运。思想决定行动，当方向错的时候，一切的用功均是浪费……

青青看后，大受触动。自己现在就是一个黄脸婆，没了追求，没有思想，没了人生的方向，变得啰唆，爱管制丈夫和孩子，整天操劳家务，还经常为点儿小事和丈夫吵架……

青青想了很久，她不想再过这样的生活，她要找回那个有梦想的自己。于是她开始了自我改变。

现在的青青和以前完全不同了，再也不像以前那样把丈夫当作自己的全部。她觉得每个人都应该有自己的梦想，有自己的生活圈子。丈夫也应如此。所以当丈夫再次和朋友喝酒到很晚时，青青没有发火，还很体谅地打电话给丈夫，让他别喝太多。

她把孩子放到了父母那儿，回到了以前的工作岗位。周末的时候，她会和家人、同事一起去逛街、美容、健身，甚至还去听不同的讲座，增长自己的知识……

本就漂亮的青青现在充满了成熟女人的魅力，丈夫晚归的现象再也没有出现过，家里也没有了硝烟的味道。而且丈夫现在只要看到青青，整天都是乐呵呵的。

所以女人，无论你的出身多么平凡，甚至卑微，只要你永不停止自己追求的脚步，就一定能够活得很开心、很幸福。

祛魅：你以为的真是你以为的吗？

当家庭、生活、事业均步入稳定状态的时候，作为新一代的女性还应该追求一些什么呢？这是很多女性值得思考的问题。仅仅限于做一个女主内的传统妻子吗？在这个科技飞速发展的社会，手工、家务已经被许多家用电器取代，而孩子们也被各种辅导班聚集到了一起。那么空闲的时间，众多女性朋友都做些什么呢？

比如，多学习一些新的技能和知识，也可以参加一些成人学习班，就像学外语、烹饪、插花艺术等，而不是局限于家里的那几平方米内。当他对你的新本领刮目相看的时候，那么，男人会主动靠近你、了解你。

时尚一直都是女性朋友们津津乐道的话题，多对时尚信息进行一些了解，掌握穿衣打扮的技巧，多看时尚杂志。这样的你才能散发出异于常人的魅力。

多关注一些时事新闻，让自己能掌握更多的信息。这样，当你和老公或朋友聊天的时候，才不会让你显得尴尬。

你可以不上班，但至少要有自己的爱好，最好有一份自己的收入，比如可以做一个自由职业者或者公益事业支持者。

没有同事可以，但没有朋友是万万不能的。因此，你要和朋友经常保持联系。经营好自己的家庭固然重要，但家庭不是你生活的全部。朋友是你需要的，因为你能和他们说话聊天。多出去走走，不会让你的生活质量下降，反而能让你的视野变得更开阔。

女人无论是在婚前还是婚后都要有自己的追求，要有充实的生活和精神寄托，那就要有自己的事业、生活圈子、朋友，还有个人的空间。当然，既然结婚了，很多生活就与老公分不开了，但是不能把所有精神寄托都放在老公身上，这样你会迷失自己。一定要先懂得自爱，才会赢得老公的爱。

祛魅小技巧

女人如果把婚姻当成全部,那么,她最终收获的将是失望。女人要始终保持独立的个性和立场,有自己可以做的事情,有永远停不下来的追求。

第六章
对焦虑祛魅，未知的事情想再多也没用

在这个快节奏的时代里，焦虑似乎成了我们生活的一部分。但是，当我们深入探索焦虑的本质时，就会发现，许多我们所担心的事情其实是源自对未知及不确定的恐惧。化解焦虑，就要学会接受不确定性，并找到在未知中前行的勇气和智慧。通过对焦虑祛魅，我们可以更加从容地面对生活中的挑战，享受当下的每一个瞬间。

祛魅：你以为的真是你以为的吗？

每个人的内心，都存在焦虑

> 好的精力＝充沛的体能＋积极正面的情绪＋随时可以聚焦的注意力＋明确的意义感。
>
> —— 张遇升

曾经有心理学家说，每个人的内心都像一台正在放映的电视机，随时随地都在呈现出不同的画面。这些画面的画外音完全不同，有的声调平和宁静，有的如同疯狂的摇滚乐。这些声音和画面并非完全不可控，大多数情况下我们是声音和画面的主宰，决定了这一切的呈现。不可否认，心理学家的描述非常精确到位，也很生动传神。然而，我们的心理活动更加微妙。每个人都是这个世界上独一无二的个体，也是这个世界上绝不雷同的小宇宙。

人人都有不安全感，它是人们内心的感受，常常使人感到紧张局促、焦虑烦躁，带给人不那么愉快甚至痛苦的感受。有人的不安全感来自外界，有人的不安全感来自自己的内心。通常情况下，人们习惯于从外界或者他人身上寻找安全感。殊不知，正如人们常说的，最可靠的只有自己。安全感也是如此，唯有自己给予自己的安全感，才是最长久可靠的；否则，从他人身上得到安全感，我们会变得非常被动。一旦他人改变心意，我们就会彻底失去安全感，随之会变得焦虑，进而失去对生活的信心和希望。

我认识一个朋友，她不愿意穿过于暴露的衣服，害怕被树林里的树枝扎到皮肤，也不敢走进拥挤的人群，害怕别人碰到她的皮肤。她不敢穿裙子，甚至不敢用公共马桶。她为自己这种不安的状态感到难过，因为这给她带来了很大的困扰。由于不敢与他人有任何肢体接触，她无法交男朋友，无法随意地去旅行，甚至不想让母亲拥抱自己……这让她感到快要崩溃了。她也不知道自己是从什么时候开始出现这样的情况，也许是在某一次，胳膊被玫瑰上的刺扎伤之后。总之，她陷入了惶恐不安之中。

人总是会情不自禁地想起很多让自己不安的事情，甚至为了一些不太可能发生的事情担忧不已。哪怕理智上知道这些担忧和焦虑没有必要，却无法从内心上控制自己。不得不说，这是一种心理障碍的表现。诸如当女儿比平日里回家的时间晚了很多，无法取得联系时，父母就会胡思乱想，甚至想到女儿已经遭遇不测。在这种情绪下，父母很难静下心来冷静思考，只会陷入不安之中，觉得片刻等待都难以继续下去。从这个角度而言，不安全感也来自过度焦虑。一般情况下，焦虑并非无缘无故地产生，而是针对某件具体的反常的事情。比起焦虑，不安全感出现的频率更高、时间更长，甚至会变成一种习惯性的心理状态。缺乏安全感的人，既缺乏自信，也对他人缺乏信任。他们非常多疑，并且思想和行为上也渐渐会有所改变。诸如有些人在外出之后，总会怀疑自己没有锁好家门，没有关好水电，或者没有检查门窗。实际上，他们早就已经把这

祛魅：你以为的真是你以为的吗？

一切都做好了，只是内心的不安，才使他们陷入焦虑之中，更不相信自己已经把一切做到完美。

你意识到自己有很多不安表现时，就要加强自信心，告诉自己一切事情都很好，根本不值得焦虑。除此之外，为了提升自我的安全感，还要不断完善和强大自己，让自己相信一些事情都没有想象中那么糟糕，担忧的很多事情根本不会发生。尤其是当我们过度依赖某个人的时候，更要有意识地培养自己独立生存的能力。这样你才能在独处的时候也能具有安全感。

祛魅小技巧

人人都有不安全感。最可靠的只有自己。唯有自己给予自己的安全感，才是最长久可靠的。你要加强信心，不断完善和强大自己，告诉自己一切事情都很好，根本不值得焦虑。

你是否也很害怕参加同学间的聚会

> 所谓有趣的灵魂，实际上就是这个人的信息密度和知识层面，都远高于你，并愿意俯下身，去听你说那些毫无营养的废话，和你交流，提出一些你没有听过的观点，颠覆了你短浅的想象力及三观。
>
> —— 王尔德

"以后你们这种破聚会少叫我啊！"在电视剧《中国式离婚》中，女主人公林小枫怒气冲冲地向老公宋建平嚷嚷道，"就那个女的，她丈夫要收购人家美国什么岛。那女的，没劲透了！一个劲儿地问我为什么没工作，问了一遍还不过瘾，又问一遍……"

林小枫口中说的"破聚会"，是宋建平的大学同学聚会。"没劲透了！"林小枫这句貌似赌气的话，道出了时下很多人的心声。时下的同学聚会，已经

祛魅：你以为的真是你以为的吗？

不仅不会因为相聚而产生开心和快乐，反而会因为聚会产生各种焦虑的心理。

在电视里无意听到了林小枫的这句台词，令我感触颇深，尤其是最近两年，每逢春节的时候，各种大大小小的聚会让我喘不过气来，有些时候甚至感觉快要窒息。

其实，高中同学聚会还是比较纯真的。聚会上，大家还能回忆高中生活，谈谈自己的理想，想法也都很单纯。可是，当大家大学毕业踏入社会后，同学们的生活逐渐发生了变化：有的仍在外闯荡，有的考上了公务员，有的下海经商腰缠万贯，有的在家过着平淡的日子……

我发现，最近两年，同学聚会谈论的话题，逐渐从以往的"回忆当初"转变成了"炫耀自己的身份地位"。

也可能是大家踏入社会久了，逐渐淡忘了以前的生活，聚会时大家谈论的多是和现实有关的东西，男同学说得最多的就是谁的生意做得很大、挣了多少钱等；女同学议论最多的则是谁的老公有能耐，谁家的孩子比较聪明等。也有同学会借机炫耀，尤其是喝多的时候，经常会听到诸如"我有个项目准备投资多少钱""我全款买了套房子""又买了辆车"此类的话。

这些同学在炫耀自己所拥有的房、车等的时候，往往会忽略另外一些同学的感受——他们还在骑着电动车，还在为能拥有属于自己的房子而努力。

同学之间出现身份落差后，坐在一张桌上吃饭的人便不再那么随意，现今通常是"混得好的"坐一桌，自认为"混得不好的"则坐其他桌，相互之间只有敬酒时寒暄几句，共同语言越来越少。

今年同学聚会我注意到聚会时部分"混得不好"的同学的微妙变化：聚会刚开始表现正常，但会越喝越多，直到最后醉酒失态，他们可能心里不好受。

散场时，我直接回了家，出租车行驶在空荡的街道。望着远处迷离的街灯，我越发觉得，同学聚会早已变得"相见不如怀念"。

做什么工作？开什么车子？房子是买的，还是租的？现如今，本应纯洁的聚会话题越来越落入俗套，渐渐沦为一个攀比的舞台，成为少数意气风发者的表演的场所。那些买不起房、开不起车的"穷同学""穷同事""穷朋友"，就会变得焦虑，只得以各种借口推脱参加聚会，被扣上"恐聚族"的帽子。这正是，甜蜜聚会味道变，无钱无势靠边站。票子、房子和车子，成了大家春节聚会的主要话题。面对昔日"同桌的你"，"恐聚"成了不少人的真实写照。

让我们先算一算这聚会的经济账。聚会就要有场所，并且场所还不能太寒酸，最起码也要去差不多的酒店，酒足饭饱，意犹未尽还要去KTV高歌一曲。不管是AA制还是轮流坐庄，整个开销加在一起，是一笔不小的费用。仔细想来，这"恐聚族"和"恐归族""恐节族"一样，缺的都是银子。有了底气，腰杆硬实，谁还"恐聚"？

再来品这聚会的味道。交流就需要有一个共同的话题，一个共同的关注点。可当下，除了收入、车子和房子，还有什么能激起大家的兴奋？于是通过聚会，一些人的优越感膨胀了，一些人的挫折感滋生了，浓浓的同学情、朋友情慢慢被稀释。有人在攀比中找到了满足感，有人则陷入了焦虑和失落。聚会交流的不再是感情，而是财富、地位、人际关系，一些人参加聚会的目的，恰恰是通过这些场合加固并扩大自己的关系网。

一位网友甚至调侃道："那些混得好的同学热衷于参加同学会，就是想看别人的落魄和女同学的艳羡；当大官的人不会轻易参加同学聚会，怕给自己惹麻烦；混得不好的人总是装得老成持重，因为不懂时尚名牌，怕说错话被笑话，索性不开口。"

心理学家认为："恐聚族"往往预设了很多负面情绪，这些负面情绪会带给自身很大的焦虑感，聚会时会不由自主地寻找蛛丝马迹以此来佐证自己的猜想，觉得其他人都戴着有色眼镜看自己，这些都是不健康的心态。同学聚会对于人际网络的恢复和维系是很重要的，并不需要说很多话、搞很复杂的活动，

祛魅：你以为的真是你以为的吗？

老同学们能够聚在一起，这本身就是一种熟悉感、温馨感的体现。

"心理落差完全不必成为正常聚会的障碍。"心理学家表示，聚会难免会有人炫富，相信自己也有很多出众的地方，"同学、朋友聚会，就是为了放松叙旧，没有必要让聚会成为大家心理上的负担。"保持一颗平常心最好，"混得好"的人不要把聚会当作炫耀的平台，"混得不好"的人也不必执着于比较，要把同学当作生命历程中有共同经历的人来珍惜。

大家在社会上的职业虽然千差万别，但是同学聚会应该卸下所有"包装"，"裸奔"聚会，毕竟聚会更多为的是回忆和分享。若聚会中感到话题方向走偏，"恐聚族"们不妨及时纠正方向，引导话题，相信老同学们在一起也更愿意谈及学生时代的点点滴滴。

祛魅小技巧

聚会，保持一颗平常心最好。聚会，就是为了放松叙旧，难免会有人炫富，但是，你要相信自己也有很多出众的地方，没有必要让聚会成为自己的心理负担。你要把同学当作生命历程中有共同经历的人来珍惜。

你所担心的失败，很多都不会发生

> 暴风雨结束后，你不会记得自己是怎样活下来的，你甚至不确定暴风雨真的结束了。但有一件事是确定的：当你穿过了暴风雨，你早已不再是原来那个人。
>
> —— 村上春树

生活中，很多人每时每刻都处于焦虑之中，并非他们的生活面对很多危机，而是他们缺乏安全感，会为那些未必会发生的事情担忧，也就是常说的杞人忧天。毋庸置疑，未雨绸缪是好，可以在事情发生之前作好充足的准备，不至于事到临头手忙脚乱。然而，过度思虑，导致杞人忧天，就超过了思考的限度，无形中会给我们的心理增加很多负担。

曾经有心理学家专门进行了一项实验：让人们把自己担忧的事情写在一张纸上，然后去正常地生活。等到一段时间之后，再让那些人回过头来看自己曾

祛魅：你以为的真是你以为的吗？

经写下的担忧。大多数人都发现，自己担忧的事情根本没有发生，甚至没有给自己的生活造成任何困扰。

这很有力地证明了一个事实：我们的担忧十有八九不会发生。我们的担忧，大多数情况下都是杞人忧天。

我看微博时，收到了一个小妹寻求心理帮助的私信。她说，自己最近生活颓废，想寻求改变，但总是失败。她想下定决心去改变自己，却又怕自己坚持不下来，坚持一段时间又怕没有成效。

我问，她从什么时候开始出现这种情绪的。她说，从去年考研失败后就有这种情绪。

"自从去年三月份拿到考研成绩，知道自己无缘进入复试以后，我就一直郁郁寡欢。现在工作也懒得找，每天在家里睡到中午才起床，一待就是一整天，哪儿也不想去，谁也不想见。今年三月份，眼看考研之战又将打响，我知道自己现在迫切需要改变心态，改变生活方式、生活习惯，不再懒惰，不能再因为考研失败就否定自己。可是不知道为什么，每天就像恶性循环一样，早上不想起，晚上不想睡，拿起手机就查询关于心理学考研的资料，刚查了一半又果断放弃。这种状态，别提考研了，小事都做不好。再这样下去，父母伤心，男友估计也受不了。他去年和我一块儿考研，他考上了，我落榜了。现在他鼓励我继续考研，可是我很害怕。如果能考上还好，要是辛辛苦苦大半年再次失败，估计我就彻底站不起来了，我真讨厌现在的自己。"

一件事还没开始做，就担心自己这不行、那不行，这位小妹无疑患上了"失败焦虑症"，或者说是"失败恐惧症"。所谓失败恐惧，医学上的定义是指个体在活动中未达到预期结果遭受挫折后，对自己今后处境产生的一种不安、惊慌的消极情绪状态。强烈的失败恐惧可导致神经功能紊乱和内分泌功能失调。

心理学家认为，个体出现严重的失败焦虑和恐惧往往来源于早期不良的家庭教育。有严重的失败恐惧症的人在幼年时候经常会遇到这样的情况：在学业上获得了较好的成绩，但是父母反应平淡；某次考试失败，父母又会大动肝火，严厉惩罚自己。在这种家庭中成长的孩子，内心总会担心出现一种不被接受或者不被认同的恐惧感。

不科学的心理归因也是一些人对失败产生焦虑、恐惧心理的重要原因。在这些人的脑海中，存在一个"简单化一"的信条："如果我在这件事上失败了，那么我在所有事情上都会失败。"换句话说，只要出现了一次失败就会全盘否定自己之前的所有努力，甚至否定自我。

虽然有"失败焦虑症"的人一般都会有意识地规避风险，努力争取好的结果，做事也更为细致，以求完美。但是他们也会陷入焦虑、拖延、懒散、缺乏动力，甚至丧失行动力的境遇之中。比如，一些失败焦虑症患者内心非常想要获得成功，同时非常惧怕失败，以至于最后他们干脆选择了放弃。

患上"失败焦虑症"就像得了重感冒，一开始会很难受，只要我们积极调整，通常都会好起来的。

1. 端正你的心态

治愈"失败焦虑症"，最为关键的一步是要正确认识失败。正如雨果所说："尽可能少犯错误，这是人的准则。不犯错误，那是天使的梦想。尘世上的一切都是免不了错误的。"在成长的道路上，每个人都会面临失败，这不可避免。

失败也不是什么大不了的事。美国前总统林肯曾说过："此路是如此的破败不堪，又容易滑倒，我一只脚打滑了，另一只脚也因此站不稳，但是我回过神时，我就告诉自己，这只不过是滑了一跤，并不是死掉，我还能爬起来。"

失败让人成长，有位哲人曾说："错误同真理的关系，就像睡梦同清醒的关系一样。一个人从错误中醒来，就会以新的力量走向真理。"我们所要做的便是在错误中改正，在错误中成长。

2. 未雨绸缪，有备无患

做事之前，总是幻想着自己的失败场景，这可能与先前经常性失败的心理创伤有关。想要逆转局面，最好的办法就是在做事之前重新审视自己的准备工作。比如，尽可能把目标细化，为各个阶段的目标设定时间限制，预测过程中可能出现的挑战，并为将要发生的一系列问题预留解决方案，然后扎实地付诸行动。

3. 释放你的压力

为什么才华横溢的歌手，在排练的时候表现得完美无缺，正式登台时却失误连连？压力越大时，人越有可能过度重视自己的结果，最终很有可能使自己走向失败。平时多参加有益的户外活动，比如跑步、健身、游泳等可以很好地释放心理压力。也可以尝试深呼吸，让自己在短时间内尽快放松下来。

很多人惧怕失败，还有可能是因为内心的恐惧情绪长久得不到释放。大胆地把失败经验告诉身边的亲人、朋友，你会在第一时间获得他们给予的情感支持。同时他们会帮助你分析失败的原因，进而让你更快地从失败中吸取一些经验教训，帮助你继续往前走。也可以把自己的失败经历写进日记或博客，帮助你宣泄负面情绪。

4. 自我解嘲

自嘲是疗愈"失败焦虑症"的有效方法。你尝试着从失败中找出笑点，并笑谈自己的恐惧时，大脑就很少会以自我破坏的方式来表达恐惧。比如，面对失败时，不妨对自己说："傻瓜，你掉坑里了，怎么能出现这种低级错误呢？还是太年轻了。"

你还是害怕自己会失败的话，不妨和自己周围的朋友一起做一件事，让他们来监督你走下去。慢慢地，这种外来监督就会转化成自我监督，每当你准备逃跑时，告诉自己：不要放弃。

送给读者最后一句话："勇于接受各种挑战，不放弃任何尝试的机会。只要你能够大胆地去做，或许就成功了一半了。即使最后失败了，也是一次历练，也是一次经验的积累。"

祛魅小技巧

我们的担忧十有八九不会发生。失败并不可怕，你所要做的便是在错误中改正，在错误中成长。如果你一直惧怕失败，那就在做事之前重新审视自己的准备工作。同时，也要学会宣泄负面情绪，释放压力。

化解焦虑的最佳方式——好心态

> 对于未来不可控的事情,我们要保持乐观和自信。对于可控的事情,我们要保持谨慎和节制。
>
> —— 艾比赫泰德

焦虑是一种常见的情绪问题,它会影响我们的生活质量和工作效率。有时候,我们会因为一些小事而感到焦虑,比如考试、面试、演讲等。有时候,我们会因为一些大事而感到焦虑,比如家庭、事业、健康等。无论什么原因,焦虑都会让我们感到不安、紧张、恐惧,甚至导致失眠、抑郁、心悸等身心疾病。

那么,如何化解焦虑呢?有没有什么方法可以让我们摆脱焦虑的困扰,恢复平静和自信呢?答案是有的,而且很简单,那就是好心态。

好心态是一种积极的思维方式,它可以帮助我们正确地看待问题,找到解决办法,增强自我控制力和适应能力。好心态可以让我们从不同的角度看待事情,发现事情的积极面和机会,而不是只看到消极因素和困难。好心态可以让我们把焦虑当作一种挑战,而不是一种威胁,从而激发我们的斗志和创造力。好心态可以让我们保持乐观和幽默,用笑声和温暖驱散阴霾和寒冷。

这是一个真实的故事。大学生王维即将参加一场重要的英语演讲比赛。他为了这场比赛准备了很久,背了很多资料,练了很多次。他对自己的演讲内容很有信心,但是他对自己的演讲技巧很没有信心。他怕自己在台上紧张、结巴、出错,让观众和评委失望。他越想越焦虑,越焦虑越想放弃。

就在比赛前一天晚上,他给老师打了一个电话,向老师诉说自己的困扰。老师听了之后,并没有安慰或者鼓励他,而是给了他一个建议:明天早上起床后,对着镜子说三遍:"我是世界上最棒的演讲者!"

王维觉得这个建议很奇怪,但他还是按照老师的话去做了。第二天早上起床后,他对着镜子说了三遍:"我是世界上最棒的演讲者!"说完后,他突然觉得自己很可笑,不由得笑了起来。

他笑着想:我怎么可能是世界上最棒的演讲者呢?我只是一个普通的大学生而已。但我也不是世界上最差的演讲者,我也有我的优点和特色。我为什么要那么在意别人的看法呢?我只要做好自己就行了。我只要把自己准备的内容说出来就行了。我只要把自己的想法和感受分享给大家就行了。我只要把这场比赛当作一次学习和交流的机会就行了。

这样一想,王维的心情一下子就轻松了很多。他觉得自己有了一种新的力量。比赛中,他在台上的演讲自然、流畅、有趣,赢得了观众和评委的掌声和赞誉,最终获得了第一名。

这个故事告诉我们,化解焦虑的最佳方式——好心态,不是一个空洞的口号,而是一种实际的行动。当我们有了好心态,我们就能够更好地面对问题,更好地发挥自己的潜能，更好地享受生活。

那么，如何培养好心态呢？这里有几个建议：

1. 认识自己

我们要了解自己的优点和缺点，明确自己的目标和价值，树立自己的信念和信心。我们要接受自己的不完美，但不要放弃自己的进步。我们要善待自己，给自己足够的肯定和鼓励。

2. 调整期望

我们要合理地设定自己的期望，既不要过高，也不要过低。我们要根据自己的能力和条件，制定可行的目标和计划，避免给自己过多的压力和负担。我们要学会欣赏自己的成就，也要学会接受自己的失败。

3. 改变思维

我们要用积极的思维来替换消极的思维，用有利的角度来看待不利的情况，用有益的方法来解决无益的问题。我们要避免过度的担心，而要多关注事实和证据。我们要用感恩的心来对待生活中的一切，而不是抱怨和埋怨。

4. 释放情绪

我们要找到适合自己的方式来释放情绪，比如说话、写日记、听音乐、运动、旅行等。我们要表达自己的真实感受，而不是压抑或隐藏。我们要寻求他人的支持和帮助，比如亲友、同事、专业人士等，而不是孤立或逃避。

5. 培养习惯

我们要养成良好的生活习惯，比如规律作息、健康饮食、适度锻炼、适当休息等。这些习惯可以增强我们的身体素质，提高我们的抵抗力和免疫力，减少我们患病的风险。同时，这些习惯也可以改善我们的心理状态，让我们更加轻松和愉快。

总之，化解焦虑的最佳方式就是培养好心态。好心态可以让我们更加健康、快乐、成功。让我们从今天开始，努力地改变自己，拥抱生活吧！

祛魅小技巧

好心态可以帮你化解焦虑。要保持一种好的心态,就要学会正确认识自己,根据实际适时调整期望,用积极的思维看待事物,学会释放不良情绪,培养良好的生活习惯。

错过不必的焦虑，那何尝不是一种美丽

> 我并不期待人生可以过得很顺利，但我希望碰到人生难关的时候，自己可以是它的对手。
>
> —— 加缪

我们不是圣人，经常会错过一些事情。或许你曾经因为疏忽，忘记了与女友约会的时间，忘记了女友的生日；或许你忘记了某个重要的面试日期，错过了获得好工作的机会；或许你错过了最后一班回家的公交车，错过了与亲人团聚的机会。面对这些，你是不是整天都在焦虑与叹息之中度过呢？

如果你的回答为"是"，请你马上停止，你的人生大可不必如此。逆向思考一下，错过了爱情，你还有朋友；错过了工作，你还有自由。这样思考后，有一天，你会惊讶地发现：原来错过了并不是一件糟糕的事情，反而可能是一种幸运。既然如此，又何必焦虑、叹息呢？

有一年，美国一所著名大学在中国招收学生，名额只有一个。被招收学生的全部费用将由美国政府来承担。很多学生报名参加初试，但初试结束后，只有十几名学生进入下一轮面试。到了面试那一天，这些学生以及他们的家长都来考场静候面试。主考官刚出现在考试大厅，学生们便一拥而上，将主考官团团围住。他们用流利的英语跟主考官交流，甚至还做起了自我介绍。然而，只有一名学生由于动作太慢，没能靠近主考官。为此他心里感到了一丝失落与懊恼。

这名学生认为自己不可能被录取了。他垂头丧气地准备去考场外散心。就在这时，他突然发现大厅的角落里站着一个外国女士，正在茫然地看着窗外。学生心想："她不会遇到什么麻烦了吧？我过去看看能不能帮上她的忙。"于是，这名学生走向那位女士，有礼貌地跟她打了招呼，并简单介绍了一下自己，最后问："您是不是需要帮忙呢？"女士说："谢谢你的好意，我暂时不需要。"接下来，女士又问了这个学生的一些情况，两人越聊越投机，谈得很愉快。

第三天，这个学生收到主考官的通知，他被录取了。这个学生得知消息后十分高兴。后来他才知道，原来那位女士就是主考官的夫人。

不要因为已经错过的事情而懊恼，也许正因为错过反而会收获意想不到的结果。在生活中，做任何事都应该竭尽全力，不求回报地去完成，哪怕结果并非那么完美，也不要感到焦虑和失望，更不应为此停止前进的步伐。要相信，在前方向你招手的永远都是机遇。

错过本身未必不是一种美丽。从长远来看，错过未必就是不幸。在种种情绪的背后，你时常为错过感到庆幸，而不是抱怨的话，那么，恭喜你，你已经学会欣赏错过了。

我大学毕业那一年，入职了北京的一家公司。从我家到公司坐公交车需要花半个小时。我每天一早就要去挤公交车。虽然半个小时路程并不长，可是因

祛魅：你以为的真是你以为的吗？

为这辆公交车有几站停靠在地铁口附近，所以每天都非常拥挤，我常常因为拥挤而懊恼、抱怨。

一天，我起床稍微晚了一点，来到公交站等了三辆车都没有挤上去。我心里懊恼不已。我抱怨自己的运气怎么就这么不好。无奈之下，我只能再等下一辆公交车。等到公交车停靠在站边时，人们还是一拥而上，我虽然"努力"了，可还是被挤了下来。望着渐行渐远的公交车，看着上班时间越来越近，我心里更加着急了，心情也糟糕透了，差点儿决定步行去上班。

就在这时，后面又来了一辆公交车。由于等车的人已经不多了，所以我顺利地上了车。过了两站，我还找到了一个座位。最终，我踩着时间正点到达公司。看来，上天还是眷顾我的啊。

不管错过什么，都要淡定地告诉自己，错过也是一种收获。如果你没有看到收获，也并不代表这些收获并不存在。它就静静地待在那里，等着你去挖掘它、感悟它、拥有它。

同样的事情，你可以因为它意志消沉，也可以因为它变得更加坚强，其中的关键，就在于你如何去面对它。你坚信生活是美好的，并用淡定的心态面对错过，你的心情必将是快乐的，你也会成为一个幸运的人。你不再因为错过而怨天尤人时，不再为不确定的将来而焦虑不安时，你就能够从中得到生活的乐趣，收获属于自己的硕果。

祛魅小技巧

错过并不是一件糟糕的事情,反而可能是一种幸运。既然如此,又何必焦虑、叹息呢?做任何事都应该竭尽全力,不求回报地去完成,哪怕结果并非那么完美。你要相信,只要你永远不停止前进的步伐,在前方向你招手的永远都是机遇。

祛魅：你以为的真是你以为的吗？

焦虑，也会像时钟一样摆来摆去

> 过度担心就像你在偿还你并不欠下的债务。
>
> ——马克·吐温

现代社会发展迅猛，一切都日新月异，这直接导致人们的生存压力增大，工作竞争激烈，心情焦虑不安。心情有的时候就像孩子一样反复无常，时而欢笑、时而沮丧、时而欣喜、时而绝望。人们常说，六月的天，孩子的脸，说变就变。人的心情也和六月的天一样，时而艳阳高照，时而阴雨连绵，让人根本来不及防备。在现实生活中，的确有一些人，他们的情绪很容易产生波动，前一刻还在哭泣，后一刻就破涕为笑。前一刻还在哈哈大笑，笑着笑着眼泪突然就出来了，使得他们身边的人束手无策，根本不知道应该如何安抚他们。这样的情绪波动现象在心理学中很常见，也很普遍。很多人不但与他人相处时会出现这样的情况，就算在独处时，心情也会时而阴郁、时而晴朗，把自己都搞得莫名其妙。

　　针对现代人情绪多变的特点，心理学家曾经进行过研究，最终发现人的情绪很容易受到外界的影响。诸如莫名其妙地焦虑，或者快乐。心理学研究证实，越是情绪激动的人，越容易走向情绪的极端，也更容易陷入绝望的深井。可想而知，失控的情绪必然导致失控的人生，唯有有把握的人生才能更加从容不迫，也更容易获得美好的一切。就像极度的热胀冷缩会带来严重的后果一样，很多时候，情绪上的急剧变化对于人的身体健康和心理健康极其不利。当然，这并非要求每个人都要喜怒不形于色，毕竟生活的乐趣也恰恰在于变化，而是告诉我们，不管什么时候，都要适当控制自身的情绪，不要被焦虑捆绑着被动地面对生活。

　　一个人很难彻底摆脱焦虑对心理的影响，唯有掌握自我调节的好方法，才能保持心情愉快，才能避免情绪陷入过大的波动之中，导致一切都变得无法控制。例如，在现实生活中，为了让心理上有所寄托，应该努力培养自身的兴趣爱好，让自己在闲暇的时候有事情可做，也能够在郁郁寡欢的时候找到更多的乐趣。很多人都热爱艺术，感到焦躁不安时，就会唱歌、跳舞、画画或者进行适当的运动等，以此来排遣内心的焦虑，让自己变得快乐起来。每个人的兴趣爱好都是不同的，只要是健康的爱好，只要能够对我们的情绪起到舒缓的作用，就都可以。诸如运动、绘画、阅读、听音乐、插花等，都是很好的排遣方式，都能帮助人们消除焦虑情绪，恢复平静理智。

　　近来，公司里比较忙。设计师小梦因为接连不断地加班，已经一个月没有休息了。而且，有的时候，晚上下班还很晚，这使她的心情糟糕极了。她觉得自己的心情低沉得就像夏日雷阵雨来临前，密布的乌云似乎能够拧出水来。有的时候，她前一刻还在和朋友煲电话粥哈哈大笑，挂断电话之后就会陷入沮丧之中，恨不得大哭一场。她已经二十八岁了，却还没有找到男朋友。她每天住

祛魅：你以为的真是你以为的吗？

在与人合租的这间朝北的小房间里，除了一张床外，几乎没有下脚的地方。她觉得自己的人生很失败，而且让人绝望。

一天晚上十点，小梦下班，坐上末班车，十一点半才回到租住的房子里，忍不住痛哭流涕。她哭得撕心裂肺，似乎世界末日即将到来，足足哭了一个多小时，她才忍住眼泪，恢复了平静。意识到自己的情绪濒临崩溃，小梦决定请假休息一天，好好调整一下自己。次日，她一觉睡到自然醒，觉得心里满足极了。下午，她约了闺密一起去逛街，还一起去吃最爱的麻辣小龙虾，喝了冰镇的啤酒。这一刻小梦感到非常满足，也觉得此前的一切付出和努力都是值得的。

毫无疑问，小梦还是比较理性的，对于自己的身体和心理状况也比较关注。她意识到自己的精神过于紧张，心理压力也太大，于是果断采取措施，不再让自己勉强支撑下去，避免了更严重的后果。我们也应该学习小梦，在意识到自己状态不佳的时候及时采取手段，解决问题。实际上，很多情绪问题都是不断积累才越来越严重，我们若能调整好心态，及时处理情绪问题，一切也就不会发展到无法收拾的地步。

人的一生很难一帆风顺地度过。任何情况下，我们都要以积极的态度，微笑着面对人生，才能得到人生的礼遇，也才能得到人生的馈赠。唯有调整好情绪，才能远离焦虑。从现在开始，既然哭着也是一天，笑着也是一天，就让我们欢笑着度过生命中的每一天吧！

祛魅小技巧

人的情绪很容易受到外界的影响，呈现极端的特点。失控的情绪必然导致失控的人生。不管什么时候，你都要适当控制自身的情绪，不要被焦虑捆绑着被动地面对生活。

祛魅：你以为的真是你以为的吗？

焦虑不焦虑，你都是这一辈子

> 你不能回到过去改变开端，但是你可以从现在开始，改变结局。
>
> —— C.S. 刘易斯

一个人的时间是有限的，只有一辈子。或许你会觉得一生太短了，不够实现你的梦想。但从古至今，那些妄想千秋万代的帝王，有谁能逃脱生老病死的规律？最终还是湮没于历史的长河中。在星辰的运转中，一个人的一生更显得渺小。

人就这么一辈子，开心是一天，焦虑也是一天。昨天不可追，明天也将变成昨天。做错事不可以重来，一分一秒都不能再回头。你能做的，唯有珍惜眼前，过好每一刻。痛苦焦虑也挽救不了过错，自怨自艾更不能改变事实，碎了的心难再愈合，倒不如淡然面对，放宽心态，无论悲喜，全身心地享受无法复制的今天。

给自己一份好心情，这是人生不能被剥夺的财富。如果你还在为昨天的失意而懊悔，为今天的失落而烦恼，为明天的得失而忧愁，好心情将会离你而去。幸与不幸的人生，会殊途同归。你春风得意抑或焦虑不安，你所拥有的生命长度，不会有丝毫改变。心态好，心情才会好。做真实的自己，按自己的意愿去生活，你总归拥有了这一辈子。

李明是一名大学毕业生，专业是计算机科学。他一直梦想着成为一名优秀的程序员，为世界编写出有价值的软件。他在学校时就很努力，经常熬夜学习编程，参加各种比赛和项目。他觉得自己有才华，有潜力，有信心。

毕业后，他入职一家知名互联网公司。他很高兴，觉得终于实现了自己的梦想。他开始了自己的职业生涯，希望能够在公司里展现自己的能力，得到老板和同事的认可，获得更多的机会和提升。

然而，他很快就发现，工作并不像他想象的那么美好。他发现自己所在的部门是一个很小的团队，负责的项目是一个很老旧的系统，需要不断地维护和修复。他觉得自己的工作很无聊，很枯燥，很没有挑战性。他觉得自己的才华被浪费了，自己的潜力被埋没了。

他开始对自己的工作感到焦虑。他担心自己会落后，会失去竞争力，会被社会淘汰。他担心自己会错过更好的机会，会失去更好的未来。他担心自己会一事无成，会让家人失望。

他开始不断地给自己施加压力。他每天早起晚睡，加班加点地工作。他不断地学习新技术、新知识，了解新趋势。他不断地寻找新项目、新平台、新领域。他不断地在与别人作对比，觉得自己总是不够好。

他开始变得焦躁不安。他对自己的工作感到不满意，对自己的同事感到不尊重，对自己的老板感到不信任。他对自己的生活感到不开心，对自己的朋友

祛魅：你以为的真是你以为的吗？

感到不关心，对自己的家人感到不理解。他对自己的能力感到不满足，对自己感到不喜欢。

这样过了一年多。有一天，他突然发现自己身体出了问题。他感到自己有头痛、胸闷、心悸、恶心、呕吐等症状。他去医院检查后发现自己患了严重的焦虑症。医生告诉他必须休息一段时间，并且接受心理治疗。

李明很震惊，他不敢相信自己会得这样的病。他觉得自己是一个强者，一个勇者，一个斗士。他觉得自己是为了自己的梦想，为了自己的未来，为了自己的家人而努力。他觉得自己没有做错任何事情，为什么会有这样的结果？

他开始反思自己的生活。他想起了那句话：焦虑不焦虑，你都是这一辈子。他意识到自己一直在逃避现实，一直在追求理想。他忘记了自己的本质，忘记了自己的价值，忘记了自己的幸福。

他决定改变自己的态度。他开始接受自己的工作，认识到它也有意义和价值。他开始尊重同事，感谢他们的帮助和支持。他开始信任老板，理解他们的决策和安排。

他开始享受生活，找到了自己的兴趣和爱好。他开始关心朋友，分享他们的快乐和烦恼。他开始理解家人，表达对他们的爱和感激。

他开始满足自己，喜欢自己。他不再给自己施加过多的压力，不再和别人比较。他不再追求完美，不再渴望成功。他只想做好自己，做好每一件事情。

这样过了一段时间后，他发现自己的身体恢复了健康，心理也变得平和。他发现自己的工作效率提高了，工作质量也提高了。他发现自己有了更多的机会和提升。他发现自己有了更多朋友和家人的关爱。他发现自己有了更多的幸福和快乐。

这就是我想讲的故事。它告诉我们一个道理：焦虑不焦虑，你都是这一辈子。所以，我们不要让焦虑占据我们的心灵，而要用积极、乐观、平和的心态去面对我们的生活。我们不要让理想蒙蔽我们的眼睛，而要用真诚、感恩、满足的心情去享受我们的生活。

我们要相信，只要我们做好自己，做好每一件事情，我们就会拥有一个美好的人生。

> **祛魅小技巧**
>
> 开心也是一天，焦虑也是一天。痛苦焦虑无法改变什么。唯有珍惜眼前，过好每一刻。你要学会用积极、乐观、平和的心态去面对生活。

祛魅：你以为的真是你以为的吗？

放松自己的神经，累了就歇一歇

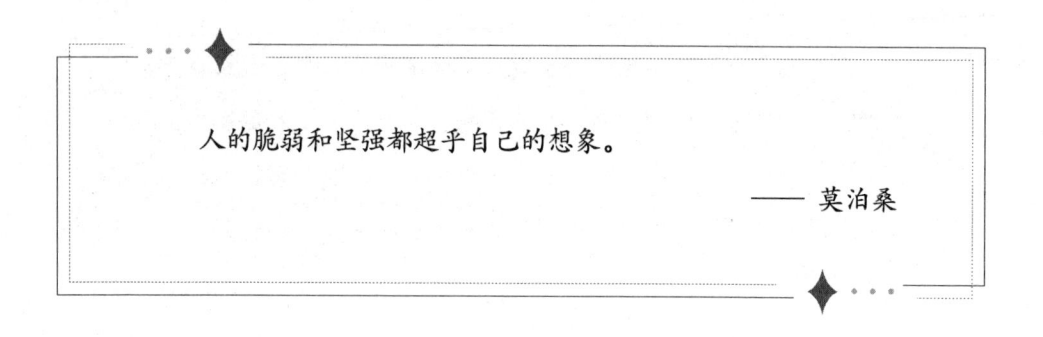

> 人的脆弱和坚强都超乎自己的想象。
>
> ——莫泊桑

在现代快节奏的生活中，每个人都加快了步伐，为了生计抑或是梦想，拼命向地前奔跑。为了过上想要的生活，人们总把自己的神经绷得很紧，似乎除了追赶那个目标，周围的一切都可以忽略无视。整天在焦虑和匆忙中度过，甚至忘了自己。

神经科学早已揭示：持续紧绷的生存状态会触发大脑的"威胁警报系统"。杏仁核过度放电将压制前额叶皮层的理性思考，让人陷入越忙越焦虑、越焦虑越低效的恶性循环。就像古波斯商队穿越沙漠时必须遵循"七天休一日"的法则——骆驼若连续负重奔跑，看似节省时间，实则会在某天突然倒地死亡。真正智慧的生活哲学，从不是榨干自己的耐力，而是学会在紧绷与松弛的交替中蓄能。那些宣称"不能停"的执念，本质是对生命韵律的误读。

当你觉得必须等到"有钱有闲"才能享受生活时，不妨拆解休息的"颗粒度"：用十五分钟观察云卷云舒，是让视觉神经从电子屏幕中松绑的冥想；在通勤路上关闭资讯推送，是给听觉神经一场真空隔离的SPA。我曾见证一位连续创业者走出抑郁的关键转折——他在公司茶水间开辟了"发呆角"，每当团队陷入僵局，就集体躺在懒人沙发上凝视天花板。这种刻意制造的留白，反而让创意如泉水般自然涌流。生活从不需要等到完美时刻才值得品味，松弛的智慧，恰恰在于把"歇一歇"溶解进每一个呼吸的瞬间。

李梅觉得自己的人生像一杯温开水，平平淡淡。李梅是一名教师，从毕业到今天，在这个岗位上已有二十余年。李梅并非喜欢教师这一行业，因为她不知道自己喜欢什么，也就按照父母对她人生的规划生活着。在她工作两年后，父母认为李梅应该嫁人了，于是李梅便通过相亲认识了现在的丈夫。半年后两人结婚了，不久，也有了孩子。

如今四十多岁的李梅每当回想往事，觉得自己前半辈子只做了三件事，那就是读书、工作、嫁人。她觉得自己后半辈子也应该一成不变地过下去。相比较身边的同龄人，李梅的模样绝对称不上老。可是她觉得自己已经老了，心态老了。循规蹈矩的生活，李梅都预料得到自己明天的生活，后天的生活，一年后，甚至几年后的生活。没有任何改变，没有任何激情，千篇一律。李梅也曾想要有所改变，可是当她尝试插花、刺绣、看电视等活动时，仍旧提不起什么兴趣。

李梅看着儿子结婚，然后是孙子的出生。退休后的李梅负责带孩子，但新生命的来临并没有给作为奶奶的李梅带来太多欢喜。李梅越来越习惯一个人发呆，思维与行动变得迟缓，渐渐地，一种了无生趣的念头占据了李梅的脑海。待家人发现李梅这种行尸走肉的状态时，李梅的情况已经很严重了。医生诊断

祛魅：你以为的真是你以为的吗？

了李梅的病情，并确诊为阿尔茨海默病晚期。对于患上疾病，李梅也没有表现出惊讶抑或是恐惧，她平静地接受了治疗。只是李梅的症状并没有好转，反而越来越严重。家人明显感觉到李梅丧失了对生活的乐趣。对于李梅的生无可恋，家人想尽了一切办法，无论是药物治疗还是心理治疗，都没有什么起色。

迷上摄影对于李梅来说是偶然的一件事。当李梅看到镜头中捕捉的大自然的鲜活画面时，一种新生的感觉从心底萌芽。李梅买了一台相机，在说服家人后，独自上路了。她把自己交给了大自然，沉醉于大自然的一草一花一树叶，全身心地投入了大自然的怀抱。半年后李梅回了一趟家，家人诧异于浑身充满活力的她，并为她的重生感到由衷的高兴。以后的日子里，李梅每隔一段时间就会出去，走进大自然，让身心得到放松，感受大自然赋予她的温暖与欢欣。

给自己留有时间去休息与调节自身的状态，日子才不至于过得忙碌而焦虑。时间是自己给的，轻松也是自己给的。即使生活充满琐碎和繁杂，累了时，就应该放慢脚步，放松自己，让心灵得到缓冲。用心感受这个世界的存在，你会发现人生中有很多东西值得我们静下心来细细品赏。

诗人巴尔蒙特曾说："为了看看阳光，我来到世上。"大自然是天生的艺术家，连绵的青山、波澜壮阔的大海、一望无际的草原，都足以让你陶醉其中。享受大自然的美好，永远把这份美好珍藏起来。

总之，无论处于人生哪个阶段，无论是焦虑还是不愉快，都应该让心灵得到宁静，用心体验每一个有意义的过程。焦虑并非你所愿，但你可以走进大自然，接受大自然的洗涤，偷得浮生半日闲。

祛魅小技巧

我们每个人都在为了生计抑或是梦想,拼命地向前奔跑。似乎我们除了追赶那个目标,周围一切都可以忽略无视。整天在焦虑和匆忙中度过,甚至忘了快乐与自己。你要给自己留有时间去休息与调节,日子才不至于过得忙碌而焦虑。

第七章

对自卑祛魅，永远不要怀疑自己的能力

自卑是许多人内心深处的隐痛。它悄然影响着我们的自我形象和行为选择，让我们在面对挑战时退缩。克服自卑，需要先了解导致自卑的原因，然后再逐步建立起自信。同时，我们也要学会塑造自我认知。通过对自卑的祛魅，我们可以学会欣赏自己的独特价值，培养面对生活挑战的勇气和力量。

祛魅：你以为的真是你以为的吗？

你的自卑，不会产生任何积极作用

> 没有必要为眼前的错误怀疑自己，而应该直面错误，并在以后避免类似的错误。
>
> —— 阿德勒

你是否曾经感到自卑，觉得自己不够好，不够聪明，不够有才华？你是否因为自卑而放弃了自己的梦想，或者错过了一些机会？你是否因为自卑而对自己和他人产生了负面的情绪和态度？

如果你的答案是肯定的，那么你需要对自卑祛魅，永远不要怀疑自己的能力。自卑是一种心理状态，它源于对自己价值和能力的低估。自卑会影响你的信心，阻碍你的成长，限制你的潜能。自卑是一种无形的枷锁，它会让你在生活中处于被动和消极的状态。

第七章 | 对自卑祛魅，永远不要怀疑自己的能力

　　小明从小就很胖，总被同学们取笑和欺负。他觉得自己很丑，很没用，很不受欢迎。他总是缩在角落里，不敢和别人交流，也不敢展示自己的才能。他对自己没有信心，也没有梦想。

　　有一天，老师布置了一项作业，要求学生写一篇关于自己的梦想的文章。小明很苦恼，因为他觉得自己没有什么梦想，也没有什么值得自己去追求。他想了很久，也没写出来。他只好随便写了几句话，说他的梦想是减肥，变漂亮，找到朋友。

　　第二天，老师把作业收上来，开始批改。当她看到小明的作业时，她很吃惊，也很心疼。她觉得小明是一个有潜力的孩子，但是一直被自卑所困扰。她决定给小明一些帮助和指导。

　　她找到小明，对他说："小明，我看了你的作业，我觉得你有很多优点和才能，你为什么不相信自己呢？你知道吗？你的梦想不应该只是减肥或者变漂亮，你应该有更高远的目标。你喜欢什么？你擅长什么？你想成为什么样的人？"

　　小明听了老师的话，感到很惊讶，也很感动。从来没有人这样关心过他，也没有人这样鼓励过他。他低着头说："老师，谢谢你。其实我喜欢画画，我也觉得自己画得还不错。但是我怕别人嘲笑我，所以我从来不敢拿出来给别人看。"

　　老师微笑着说："那你为什么不把画画作为你的梦想呢？你知道吗？画画是一种很美好的表达方式，它可以让你释放你的情感，展现你的个性，创造你的世界。你不应该害怕别人的眼光，你应该勇敢地追求你的梦想。我相信你可以做到。"

　　小明听了老师的话，感到一阵暖流涌上心头。他觉得自己仿佛找到了一种新的力量和方向。他抬起头说："老师，谢谢你。我愿意试一试。我想把我的梦想写在我的作业上。"

祛魅：你以为的真是你以为的吗？

老师点点头说："好极了！那就快去吧！我期待看到你的新作品。"

小明跑回座位上，拿出一张白纸和一支笔，在上面写下了这样一句话：我的梦想是成为一名优秀的画家。

小明通过老师的鼓励和自己的努力，找到了自己的梦想和自信。自卑会影响一个人的工作、学习、人际关系和幸福感。要克服自卑，我们需要认识到自己的价值，接受自己的优缺点，培养积极的心态，寻求他人的支持和鼓励，不断提高自己的能力和素质。这样，我们就能够更加自信地面对生活中的各种困难和挑战，实现自己的目标和梦想。

那么，如何克服自卑，提高自信，实现自我价值呢？

1. 认识并接受自己

每个人都是独一无二的，都有自己的优点和缺点。你不需要和别人比较，也不需要迎合别人的期待。你只需要认识并接受自己，欣赏自己的特质和能力，发挥自己的优势和潜力。你要相信，你是一个有价值的人，你有能力作出贡献和改变。

2. 正视并迎接挑战

生活中总会遇到各种困难和挫折，这是不可避免的。你不要因为害怕失败而逃避或放弃，也不要因为失败而自责或沮丧。你要正视并迎接挑战，把它们当作成长和进步的机会。你要从每次经历中学习和总结，提高自己的知识和技能，增强自己的信心和勇气。

3. 制定并实现目标

有了目标，才能有动力和方向。你要根据自己的兴趣和能力，制定一些具体和可实现的目标，并制订一些行动计划和时间表。你要坚持并实现目标，每完成一个小目标就给自己一个奖励或鼓励。你要用积极和乐观的态度去追求目标，不要被困难或失败打倒。

4. 求助并帮助他人

没有人是完美的，也没有人是完全孤立的。你不要把自己封闭在一个小圈子里，也不要把所有压力都压在自己身上。你要求助并帮助他人，建立一个良好的社交网络和支持系统。你要向身边的亲友或专业人士寻求建议或帮助，当他们遇到困难或需要时也给予他们支持或关怀。你学会要与他人分享你的想法和感受，听取他们的意见和反馈。

5. 培养并享受兴趣爱好

生活不仅是工作或学习，还有很多其他方面。你要培养并享受一些兴趣爱好，让自己的生活更加丰富和多彩。你可以选择一些适合自己的活动，如运动、音乐、阅读、旅游等，让自己放松和快乐。你也可以通过兴趣爱好结识一些志同道合的朋友，拓宽自己的视野和人脉。

总之，你永远不要怀疑自己的能力。同时，对自卑祛魅，也是一件需要持续努力和实践的事情。你要相信自己，喜欢自己，改善自己，展现自己。你要知道，你是一个有能力的人，你可以做到任何你想做的事情。

祛魅小技巧

自卑是因为你低估了自己的价值和能力。要改变自卑，树立自信，就要正确认识并接受真实的自己，正视并迎接挑战，制定适合自己的目标并实现它。遇到困难时能够虚心向别人求助，并且在适当时能够帮助他人，同时能够培养并享受兴趣爱好，建立自己的社交网络。

祛魅：你以为的真是你以为的吗？

你相信自己，奇迹自会出现

> 先相信自己，然后别人才会相信你。
>
> ——罗曼·罗兰

首先，我们要明白什么是自信？自信是一种对自己能力和价值的肯定，是一种内在的动力，可以帮助我们克服困难和迎接挑战。自信不是盲目的自大，也不是不切实际的幻想，而是基于对自己的了解和认识，以及对环境的适应和调节中建立的。

那么，自信为什么会影响我们的成功呢？有以下几个方面的原因。

- 自信可以增强我们的积极情绪，让我们更加乐观、愉悦和满足。积极情绪可以促进我们的大脑释放多巴胺、血清素等神经递质。这些物质可以提高我们的注意力、记忆力、创造力和学习能力，从而提高我们的工作效率和质量。

- 自信可以增强我们的社交能力,让我们更加开放、友好和合作。社交能力是成功的重要因素之一,因为它可以帮助我们建立良好的人际关系,扩大我们的社会资源,使我们获取更多的信息和支持。同时,社交能力也可以提高我们的沟通能力和说服力,让我们更容易达成共识和目标。
- 自信可以增强我们的行动力,让我们更加勇敢、主动和坚持。行动力是成功的关键之一,因为它可以帮助我们把想法变成现实,把机会变成成果。同时,行动力也可以帮助我们克服恐惧和拖延,让我们更敢于尝试和冒险。

综上所述,自信可以在很多方面促进我们的成功。但是,并不是说只要相信自己,奇迹就会出现。相反,自信需要建立在实际能力和成就上,需要不断地通过学习和实践来验证和提升。否则,如果自信过度或者不符合现实,就会导致失望、挫败和退缩。

我有一个好朋友,叫魏巍。魏巍是一个非常有才华的程序员,但是他一直没有找到满意的工作,因为他缺乏自信和沟通能力。他总是觉得自己不够好,不敢向别人展示自己的能力和想法。

有一天,他看到了一则招聘广告,是一家知名的互联网公司在招聘高级开发工程师。他对这个职位非常感兴趣,但是他也很犹豫,因为他觉得自己达不到招聘要求,而且面试肯定会很难。他想了想,决定给自己一个机会,就把简历投了过去。没想到,第二天就收到了面试邀请。

魏巍很紧张,他开始准备面试的资料和问题。他查阅了很多相关的资料,复习了很多基础知识和技术细节,还模拟了一些可能的面试场景。他觉得自己已经尽力了,但是还是不太有信心。他想起了那句话:你相信了自己,奇迹自会出现。他决定放下心中的负担,相信自己的能力和价值。

面试当天,魏巍穿着整洁的衣服,带着微笑走进了公司的大楼。他遇到了

祛魅：你以为的真是你以为的吗？

面试官，一位年轻而亲切的女士。她问了魏巍一些基本的问题，比如姓名、学历、工作经历等。魏巍回答得很流畅，没有紧张或者结巴。然后，她开始问一些技术方面的问题，比如编程语言、框架、算法、数据结构等。魏巍也回答得很好，没有犯什么错误或者出现漏洞。她还让魏巍在白板上写了一些代码，并解释了代码的逻辑和优化方法。魏巍写得很快也很清晰，还给出了一些创新的想法和建议。

面试结束后，魏巍感觉整场面试很轻松也很开心。他觉得自己表现得不错，也学到了一些新的知识和经验。他感谢了面试官，并表示期待着她的回复。面试官也对魏巍表示赞赏，并说她会尽快给他答复。

第二天，魏巍收到了一封邮件，是那家公司发来的。他打开邮件，看到了这样一句话：恭喜你！你已经通过了我们的面试，并被录用为我们的高级开发工程师！

魏巍简直不敢相信自己的眼睛，他激动地跳了起来，高声喊道：我成功了！我成功了！他立刻给我打电话，告诉我这个好消息。我听到后也为他感到高兴，并说：你看吧，你相信了自己，奇迹就出现了！

当你对自己有信心时，你就会更加努力地去追求你的目标，不畏困难，不轻言放弃。你的信念会激发你的潜能，让你在逆境中发现机会，在挑战中展现实力。你的成功不是偶然，而是你自己创造的结果。

那么，如何提高自信心呢？这里有一些简单而有效的方法：

1. **设定合理而具体的目标，并制订详细而可行的计划**

目标可以激发我们的动机和方向，计划可以指导我们的行动和控制进度。当我们按照计划完成每一个小步骤时，就会感受到成就感和进步感，从而增加自信心。

2. 保持积极而正面的思维方式，并及时消除负面和消极的情绪

思维方式可以影响我们对自己和环境的看法和评价。当我们用积极而正面的思维方式来解释和应对问题时，就会增强我们的掌控感和解决问题的能力，从而增加自信心。

3. 寻求并接受他人的帮助和反馈，并给予他人赞扬和感谢

他人的帮助和反馈可以让我们更好地认识自己的优势和不足，以及如何改进和提高。当我们感受到他人的支持和鼓励时，就会增加我们的信任和归属感，从而增加自信心。

4. 培养并展示自己的个性和特长，并尊重和欣赏他人的差异和多样性

个性和特长可以让我们变得更加独特和有价值，也可以让我们感到更加快乐和满足。当我们用自己的方式来表达和贡献时，就会增加我们的自豪感和认同感，从而增加自信心。

总之，自信是一种对自己能力和价值的肯定，是一种内在的动力，可以帮助我们实现成功。但是，自信不是一种魔法，也不是一种幻觉，而是一种需要不断培养和维持的心态和习惯。只有通过不断地学习、实践、反思和改进，我们才能真正地相信自己，并创造奇迹。

祛魅小技巧

自信可以增强你的积极情绪，让你更加乐观、愉悦和满足；可以增强你的社交能力，让你更加开放、友好和合作；可以增强你的行动力，让你更加勇敢、主动和坚持。自信需要建立在实际能力和成就上，需要不断地通过学习和实践来验证和提升。

在独立思考中，充实强大的内心

> 独立思考和独立判断的一般能力，应当始终放在首位。
>
> —— 爱因斯坦

一位服装大师曾经说过这样一段话："同样是一件蓝色礼服，你们不要只是看这衣服的款式和颜色，不管它们看上去是多么普通，在我看来，即便加上一条腰带，都会使它们成为两件不同凡响的礼服。"

对这位拥有独立思考能力的人来说，当所有人都只看到事物的表面时，他会从另一个角度去看待这个事物，会去思考事物的不同方面。正是因为这样，他才能够获得无限的创意，才能够获得心灵的自由，体现出与众不同的气场。

笛卡儿曾说："我思故我在。"可见，一个人是否能够体现出他的存在价值，完全在于他的思考能力。当然，每个人都有思考能力。可是我们看到，有些人明显缺乏思考能力，只是简单地模仿与从众。他可能在思考，可是他的思考是跟着别人的思路跑。也就是说，他的思维经常受到他人的干扰，人云亦云，没有一个坚定的立场。这样的人给我们的印象总是那么无足轻重。相反，有些人在处理某件事的时候，总能够提出独到的观点和见解，能够坚定自己的想法，能够在某一时刻让我们心中一震，马上成为现场的亮点，彰显出一种强大的气场，主要原因就在于他具有独立思考的能力。

王晓磊是某公司的一名新职员。他刚到新公司，干劲十足。在公司工作了几天之后，他发现上司总是要求他按照他们的工作流程和工作模板来完成工作，策划部总是被动执行上级所下达的活动策划内容，而并非自己去主动完成一些活动的策划。他在想，是不是我们能够自主策划一些项目呢？

有一次，王晓磊向主管提出了这个问题。但主管认为，我们公司现在已经是一个非常成熟的公司，策划部门没有必要单独花时间去研究新提案。

尽管被泼了冷水，但王晓磊仍在思考一些有价值的方案。在完成部门所交付的任务的同时，他花时间去研究一些新的策划方案。随后，王晓磊经过自己的研究及思考，终于完成了一个很满意的策划方案。

做完方案后，王晓磊将策划方案直接交给了主管。主管很不理解地拿起了方案，心想："放着轻松的日子不过，干吗要给自己找这么多事呢？"最后，主管通过程序把这个方案递给了总经理。

总经理看后觉得这个方案十分具有创造性，居然决定开展这个项目。这是主管、王晓磊以及他们部门的员工都没有想到的，而且总经理直接任命王晓磊担任此项目的负责人。几乎瞬间，部门所有员工都向王晓磊投来了赞许的目光。

要想具备独立的思考能力，就要有自己独到的见解。如案例中的王晓磊初入公司，面对上司按部就班的工作要求和主管对新提案的否定，他没有随波逐流、盲目服从，而是保持独立思考，大胆质疑现有模式，主动思考自主策划项

祛魅：你以为的真是你以为的吗？

目的可能性。即便被主管泼冷水，他依然坚守内心想法，利用业余时间研究新方案，这份坚持源于他对自身思考的笃定。最终完成的创造性方案不仅得到总经理认可，为公司开拓新业务，还让他收获晋升与同事的赞许。王晓磊通过独立思考，突破了工作困境，充实了自身能力，强大了内心，也让我们看到，独立思考能助我们打破常规，实现自我价值，收获成长与认可。

李立群是某公司的一名员工，身材瘦小，很不起眼。然而他却成了公司众所周知的人物。

几天中，世界上发生了很多事情，同事们在工作之余或者吃饭的时候总会讨论一些热门话题。日本发生了海啸大地震，这成为大家茶余饭后讨论的话题。由于各种媒体上的真假信息不断传入大家的耳朵，纵然身在千里之外，不免还会让大家有一些担忧。尤其最近出现的"盐荒"，让大家的担忧急剧增长。

中午大家在食堂吃饭，又谈起这个话题。小马说："现在日本的核泄漏越来越多，波及范围已经越来越大，我们难免会受到影响啊！"小谢说："我们离日本还远着呢，不可能影响到我们的。"就这样，大家你一言我一语地说着，甚至可以说是在争论。

这时，李立群说话了。首先，他对日本的核泄漏和切尔诺贝利核事故的严重程度进行了比较，对日本目前所采取的措施进行了分析；然后，他对所在地与日本的距离、最近一段时间的风向等做了一些科学的分析及说明；最后得出一个结论，日本的核泄漏对我们的影响是很小的。

同事们听了李立群的分析，都惊讶地看着这个外表并不出众的小伙子。其中一个新员工问一个老员工："这是我们公司哪位领导啊？"

在这个事例中，我们看到李立群没有出众的外表，但说话有条有理，逻辑清晰，言语得体，但大家都被他所折服，这就是他的气场。他的气场是如何得来的呢？

他的语言和其他人的语言相比，显然他更具有独立思考的能力，能够将一个问题有条有理地分析出来，从而很清晰地得出让大家折服的结论。这样的人在人群中总是能成为大家的核心人物，人们都会因为他具有这种气场而听从他的意见。

温家宝总理曾经说过这样一句话："大学的'灵魂'就是独立思考，自由表达。"对于我们个人来说也如此。陈寅恪说："自由之思想，独立之精神。"一个人的思想不能够出现禁区，不能够被束缚。一个大师之所以会有常人所不具备的内涵、定力及文化底蕴，就是因为拥有这种独立思考的能力，他也是因为拥有这样的气场而成为人群中的一匹黑马。

独立思考是一种习惯，这种习惯来源于你面对事物的时候能够保持冷静，积累事实。保持冷静能够让你想得更深、更远。独立思考并不是空想，而是需要在事实基础上进行思考，这样才能激发我们自由的心灵。

祛魅小技巧

要想具备独立的思考能力，就要有自己独到的见解。当所有人都只看到事物的表面时，如果你具有独立思考的能力，那么你就会从另一个角度去看待这个事物，会去思考事物的不同方面。

祛魅：你以为的真是你以为的吗？

自信的人，走到哪里都光彩夺目

> 坚信自己的思想，相信自己心里认准的东西也一定适合于他人，这就是天才。
>
> —— 爱默生

一个自信的人，看起来永远都是信心满满、胸有成竹的。如奥巴马总统演讲时，他能面对数千听众侃侃而谈；如久经风霜的才艺明星，他能在众目睽睽之下大胆展示才艺，等等。他们似乎能够在任何时候都满怀信心，不管走在任何地方都可以是一块耀眼的翡翠。

信心对于自身来说是非常重要的，信心可以激发我们的斗志，可以让我们在面对困难的时候坚定不移，可以让我们散发出强大的气场。但是我们经常会看到有些人的信心总是那么弱不禁风，在遇到一点儿困难或者挫折的时候，就轻易地选择放弃。这样的信心不可以称为真正的信心，因为它并没有给人带来成功。

塞内加说:"缺乏信心并不是因为出现了困难,而出现困难倒是因为缺乏信心。"你一定要相信,所有被我们认为困难的事情,并不是事情本身有多难,而是因为我们对自己没有信心。信心是成功的筹码,是人全身心投入一件事情中的前提。自信就是相信自己行,是一种信念,也是我们身上一种特殊的资源,发挥得当,就一定能帮助我们取得成功。

松下电气公司推行下乡活动,派遣员工到农牧业繁荣、人口集中、家庭富裕的农村推销电器。但是,公司的销量一直不见起色,回来的员工大多数因为吃了闭门羹显得意志消沉。一个月后,公司副总经理约翰亲自下乡调查产品难推销的原因。当他敲响一户农家的大门后,一名农妇打开了门,看到穿有电器公司工作服的约翰后,竟又快速地关上了门。

现在约翰终于明白他的员工为什么推销不出产品,沮丧而归了。因为几乎所有人见此情景,都以为对方不需要自己的产品,这里的人对自己手里的产品根本不感兴趣,无论多么卖力推销产品,都是白白浪费时间。员工们因为不相信产品,不相信自己的推销能力,以致失败而归。

但是,约翰并不想就此放弃,他再次敲响了门,农妇将门打开了一道细缝,态度恶劣地说道:"又是你们这些搞推销的,有完没完啊!"约翰并没有因对方的态度与之争吵,因为他一直坚信,这里的人是需要自己公司产品的。

所以,他态度和蔼地说道:"非常抱歉,因为我的员工打扰到您的生活,所以,我特地跑来向您道歉的。"农妇半信半疑,将门稍稍开大了一点儿,看着约翰。"请您接受我的道歉吧!另外,我经过这里时,看到您散养的鸡可真肥硕啊,它们产的鸡蛋也一定营养非凡吧!"

农妇不知道约翰到底要干什么,但听到有人夸她养的鸡好,态度显然变好了很多。

祛魅：你以为的真是你以为的吗？

"我想买一斤您的鸡蛋，因为我太太是一个做蛋糕的高手，现在我都能想象到她看到您的鸡蛋后高兴的样子！"约翰面露喜色地说道。

"哦，的确是的，我的蛋的确很好，完全是绿色无污染的！"农妇将门继续开大了一点儿得意地说道。

"咦，你们家还养了奶牛啊！"约翰向内瞧了瞧，继续问道。

"是的，那是我先生养的！"妇人说道。

"啊哈，我猜想您先生养的牛一定没有您的鸡那么好！"

"您对牛也有所了解吗？"妇人惊讶地问道。

"是的，太太，我曾在农场长大，以前我家的牛都是由我来喂养呢，我父亲常常以我养的那些肥硕的奶牛为荣！那么，您愿意带我参观一下您的牛圈吗？"约翰问道。

"没问题！"于是，妇人带着约翰参观了她的牛圈，并询问约翰以前是如何养牛的，以及牛圈是否有必要安装暖炉和热水器。

最终，约翰成功地将价值15万日元的电器产品推销给了这户农家。

这就是自信的力量。当一个人对自己从事的事情坚定不移，并充满自信时，那么，没有什么事情是他做不成的，也没有什么目标达不到。

由此可见，自信就是人身上具有的一种特殊本领，它能将不可能的事情变成可能。自信的人常常因为自信找到了一份满意的工作，大胆无所顾忌地展示自己的才能，展示过程中他还能发现自己一些尚未明显展现出来的优势和潜能。

但是，自信也不是让你盲目自信，更不是让你不自量力，或将自信与自负混为一谈。自信的真正表现是，相信自己能将事情做好，结果的确令人满意；谈吐举止中有着足够的内涵和分寸；与人谈话，能做好的倾听者，也能做好的劝说者；总能看到自己身上的优点，并努力完善自己的缺点。所以，你要成为一个自信的人，就要做好以下几个方面：

1. **给自己充电，让自己变成一个内涵丰富的人**

一个人知道得越多，就会越自信。一个没有多少知识储备，没有足够见识，专业不突出，技术不过硬，处理纷繁的人际关系没有足够经验的人，工作中遭遇的定是倒霉事。倒霉事一多，对自己就更没信心。信心缺失，失败自然不请自来。

2. **永远瞄准目标，坚信自己能做到"最"**

努力使自己成为某专业领域的佼佼者，成为一个具有最积极的心态、最正确的思维、最良好的习惯、最健康快乐的人。

3. **攻克对自己缺点的偏见，你是自己的对手**

如果你的缺点能通过努力得到弥补，那就请努力完善它。如果不能弥补，那就接受并正确对待自己的缺点，然后强化自己的优势。当你的优势足够突出后，你的缺点就会成为无关紧要的存在，甚至还会成为你的特殊标志。

4. **我就是最大的奇迹**

这个世界上只有一个我，我是独一无二的。正因为我的唯一性，所以我才要让自己的人生过得丰富多彩，少一点遗憾，多一点成就。要有鸿鹄一样的志向，而不做目光短浅、胸无大志的燕雀。

5. **学会控制情绪**

都说控制好情绪，就能掌握自己的命运。你时常让你的情绪如火山一样喷发吗？你是否有愤怒过后，内心无比失落、痛苦的感觉？那么就好好地控制自己的情绪，哪怕事情到了最糟糕的地步，也先给自己几分钟时间冷静一下。俗话说，允许情绪控制行动的人是弱者，能让行动控制情绪的人是强者。你一定要做强者。

6. **克服烦恼**

时刻告诉自己，我要快乐，我要成功，我没有时间和精力去烦恼。如果有了烦恼，我要做的是用心思考，找到办法解决它。还要告诉自己，做任何事情

祛魅：你以为的真是你以为的吗？

都有一个结果，结果无非有两种，要么好，要么不好。这个世界上没有最坏的事情，只有把事情想得最坏的人。

7. 把每天当作最后一天

今天只有这么一天，今天是我最后的机会，我要珍惜每一分钟。昨天的失败、不幸就留给过去，今天再想昨天的事情，你就又没有了今天。

8. 毅力是成功的保证

我有坚韧不拔的意志，我不为失败而来，我只为成功而去。当别人停止奋斗时，我还要努力，如此我的收获才会比别人多。

9. 行动是成功的捷径

我不蛮干，但也不能只憧憬不行动。我要做有计划、有行动、能坚持的人。机会和成功只留给那些有准备的人，我现在已经计划周全，是时候行动了。

10. 绝不轻言放弃

既然要选择放弃，当初何必开始？只要有一线希望，我就要奋斗到底。

11. 总结经验教训

自信的获取还有一个源泉，就是在别人失败的地方，站得稳稳当当。我之所以能站稳，是因为我善于总结经验，懂得吸取教训。

鲁迅先生曾说："我觉得坦途在前，人又何必因为一点小障碍而不走路呢？"每个人都会遇到失败，关键是你在遇到失败或挫折后做出何种反应。有时候失败或者挫折会扰乱你的思维，而接二连三的失败更会让你失去信心。一旦信心丢失，成功的可能性就会极大地降低。只有对自己满怀信心，在前进的道路上不抛弃、不放弃，坚持不懈，才能在最后获得真正的成功，这类人的内心永远是强大的。

祛魅小技巧

你认为困难的事情,并不是事情本身有多难,而是对自己没有信心。你要接受自己,攻克对自己缺点的偏见。你要学会控制情绪,克服烦恼。你要给自己充电,让自己变成一个内涵丰富的人。

祛魅：你以为的真是你以为的吗？

我们可以输给环境和对手，但绝不能输给自己

> 能够使我飘浮于人生的泥沼中而不致陷污的，是我的信心。
>
> ——但丁

如果你觉得自己不是成功人士，那么你肯定多多少少有过这样的疑问：为什么能力相差无几、学历和经历相同、年龄相仿的两个人，取得的成绩相差那么大？是社会对自己不公吗？是自己的运气不好吗？

诚然，一个人的发展与外界有着密切的关系，但是关键在于你自身。很多时候，你是不是应该思考一下自己是否经常自甘平庸，而很少给自己注入积极的心理暗示？

有这样一句话："人与人之间本来只有很小的差异，但这很小的差异往往造

成巨大的不同。"一个人的人生是成功、幸福，还是平庸、不幸，就是这句话中所指的巨大差异，其实差异没有想象的那么大，只是取决于不同的心理暗示罢了。

你也可以这样理解：我的内心是这个世界上最强的"磁铁"。当一个人的注意力或是所有能量都集中在某一个方面的时候，无论这种注意力是积极的，还是消极的，不经意间它们就变成了我们生活中的一部分。电影《倒霉爱神》恰恰给我们展示了这个事实。

女主人公艾什莉好似上帝的"宠儿"，她始终受到生活的眷顾。毕业后她不费周折就在一家知名公司做了项目经理。她随便买一张彩票就能够中头奖。在繁忙的纽约街头，她想要搭出租车，很快就有好几辆车都向她驶来……她的生活和工作可谓一路畅通，惬意而幸运得让人忌妒。

然而，男主人公杰克好似世上的天煞霉星，有他出现的地方就有霉运，医院、警察局、中毒急救中心是他经常光顾的地方。新买的裤子看上去好好的，可一穿就断线；工作上他更没有艾什莉那么幸运，他不过是一家保龄球馆的厕所清洁员。

看到影片中这些零碎的片段时，众人不禁哑然失笑，但也会感慨：同样是人，怎么差别这么大？其实，这不是运气的问题，而是心理暗示在发挥作用。艾什莉的内心充满着对好运气的渴望，这种渴望促使她去感受美好、追求快乐，因而她的感觉越来越好。反观杰克，他潜意识里不断地提醒自己，霉运很快就要来了，于是，正如他所想的那样，倒霉的事真的接二连三地来了，而且甩都甩不掉。

我们常说："种瓜得瓜，种豆得豆。"同样，在心里播种什么种子，你就会处于哪种状态。在心里播种积极的种子，无疑会让你变得更加强大和自信；在心里播种消极的种子，就会让你在不经意间处于消极状态，不顺的事情也就随

祛魅：你以为的真是你以为的吗？

之而来。

相信你一定常听到这样的对话："我不能喝咖啡，它会让我晚上失眠。""我不能吃鸡蛋，它会让我拉肚子的。""我不能坐飞机，会吐。"其实，你的生理反应并非如此，造成这样的结果是心理暗示的结果。一旦将自己置于这样的状态下，你的身体机能就会在不经意间默认这些"程序"。接下来，那些反应就会不请自来。

因此，如果你不想让倒霉的事情主导自己的生活，就要尝试着从心理暗示方面做出一些改变。给自己的内心"注入"积极的心理暗示，相信你所做的一切都会朝着好的方向发展，你会发现大脑变得活络起来，内心产生了连自己也意想不到的力量，你自然也会享受到惬意美好的生活。

假设你想成功，就应该不断地重复念叨："我很成功，我一定会成功。"假设你想成为百万富翁，就要一直这样想："我一定会赚很多钱，我一定能成为自己的人。"假设你想有很好的人脉，你就得对自己默默地说："我对别人投以微笑，别人也会投以回报……"

在第23届洛杉矶奥运会上，人们发现这样一件"奇怪"的事情：日本运动员具志坚幸司每次比赛出场前总要紧闭双目，口中念念有词。更奇怪的是，那届男子体操决赛中，麦克唐纳、康纳斯等众多名将纷纷失手，唯独具志坚幸司保持稳定的状态，一举斩获全能冠军，实现他的夙愿。除此之外，在吊环、跳马和单杠项目中，他分别收获了冠亚季军。

比赛结束后，具志坚幸司上场前口中默念的"咒语"成了许多人关注的谜。有一位记者采访具志坚幸司时，更是很明确地问到了这件事情，但具志坚幸司笑而不答。事后，具志坚幸司对自己的朋友们说，其实自己默念的内容并不神秘，也不是什么咒语，无非是运用积极的心理暗示，告诉自己："我不紧张，我一定会做好这套动作。""我勇敢，我会取得成功的……"

正如詹姆士·艾伦在《人的思想》一书中所说："要是一个人把他的思想朝向光明，他就会很吃惊地发现，他的生活受到很大的影响……一个人所能得到的正是他们自己思想的直接结果。有了奋发向上的思想之后，一个人才能奋起、征服，并能有所成就。"

伟大的发明家爱迪生也深信这种心理暗示的力量，他在日记中这样写道："我相信自己会成功的，我知道自己一定行，我会发明电灯的。"在实验了一千多种材料，经历过无数次的失败后，坚韧的爱迪生给这个世界上带来了第一盏耐用的电灯。

时刻用积极的暗示鼓励自己，像艾什莉、具志坚幸司、爱迪生那样常对自己说："我是最好的！""我是最棒的！""我一定能够成功！"这些暗示均会引发强大的内心力量，进而产生一种不达目的誓不罢休的执着。

记住，没有人知道未来会如何，面对各种各样的困境或竞争，我们可以输给环境，也可以输给对手，但绝不可以输给自己。心理暗示不能和金钱画等号，但只要持之以恒，它就会创造出你意想不到的效果，为你带来惊人的价值。

祛魅小技巧

有了奋发向上的思想之后，一个人才能奋起、征服，并能有所成就。当你潜意识里不断地提醒自己，霉运很快就要来了的时候，于是如你所想，倒霉的事真的接二连三地来了。相反，当你心里充满了对好运气的渴望时，这种渴望就会促使你去感受美好、追求快乐，因而你的感觉越来越好。

祛魅：你以为的真是你以为的吗？

相信自己，才能战胜"不可能"

> 有信心的人，可以化渺小为伟大，化平庸为神奇。
>
> —— 萧伯纳

世界上没有一件事是"可能"的，也没有一件事是"不可能"的，事情一开始谁都不知道结果会怎样。"李宁"的广告词说得好："一切皆有可能。"即使我们真的碰到了"不可能"，也只是暂时没有找到解决问题的方法而已。

人人都希望自己拥有一个成功的人生，但是大多数敏感的人心里却持有这样一个信念：大多数人是不可能成功的，成功是少数人的专利。并且敏感的人总爱把自己归为那大多数人中。

仔细思考一下，你也这么认为吗？

如果真是这样，你的内心已经被敏感占据，你开始怀疑自己的能力，甚至怀疑自己根本没有能力去实现你的目标，"不可能"便成了你为各种障碍所找到的"合理"解释,结果导致内心孱弱无力,即使你真有能力也不可能做到。

难道真如我们所认为的,成功是"不可能"的吗?事实上,是决心,而不是环境在决定我们成功。是否成功完全取决于你自己。思想大师爱默生说得好:"相信自己'能',便攻无不克。"

决心决定态度。

态度决定行为。

行为决定结果。

的确,不管在怎样的境况下,愿意相信自己"能",始终相信自己是一个成功者、认定自己是赢家、从来都不怀疑自己的人,他们在不经意间给自己注入一针强心剂,最终,得偿所愿。

我在一本杂志中看到这样一个故事。

阿伟从小就有一个梦想,就是成为一名优秀的医生,为人类的健康和幸福贡献自己的力量。但是,他的命运并不顺遂。他出生在一个贫困的农村家庭,父母都是文盲,没有给他提供良好的教育环境。

他的学习条件也很艰苦,没有电脑,没有图书馆,甚至没有足够的课本和文具。他每天要走几十里路去上学,还要帮助家里干农活。他面临很多困难和挑战,很多人都认为他不可能实现自己的梦想。

但是,阿伟并没有放弃自己的梦想。他相信自己有能力和潜力,只要努力学习,就能改变自己的命运。

他利用一切可以学习的机会,不管是课堂上还是课余时间,不管是白天还是黑夜,不管是在家里还是在路上,他都在认真地读书,记笔记,复习知识。他不怕苦、不怕累、不怕困难,只想着如何提高自己的成绩。他的努力得到了老师和同学们的认可和鼓励,他也逐渐展现出了自己的才华和智慧。他在学校里成绩优异,参加了很多竞赛和活动,获得了很多奖项和荣誉。他最终考上了

祛魅：你以为的真是你以为的吗？

全国最好的医科大学，实现了自己的梦想。

阿伟的故事告诉我们，相信自己，才能战胜"不可能"。只要有信心、有勇气、有毅力、有方法，就没有什么事情是做不到的。我们应该向阿伟学习，不管遇到什么困难和挫折，都要坚持自己的目标和理想，用行动证明自己的价值和能力。

在做事情之前，我们一定要抛弃"不可能"这种消极的心理暗示，利用"是的，我能！"这种积极的心理暗示，反复激发自己的信心，将注意力集中在"能行"上，思考自己是否真的想尽了一切办法、穷尽了一切可能。

需要指出的是，"是的，我能！"不是自信心爆棚的表现，更不是不切实际的盲目乐观，而是一种激励自我战胜困难的表现，从而保证自己以高昂的斗志迎接各种困难和挑战。

你想拥有无比强大的内力吗？你想取得辉煌的成就吗？那就在心里多念几次："是的，我能！"然后，将之运用到实际生活和工作中去。如此你就会发现，你也可以成为内心强大的人，成功没有什么不可能。

祛魅小技巧

相信自己"能"，便攻无不克。只要有信心、有勇气、有毅力、有方法，就没有什么事情是做不到的。积极的心理暗示，可以反复激发你的信心，激励你战胜困难。

培养孩子自信心，绝不轻易否定自己

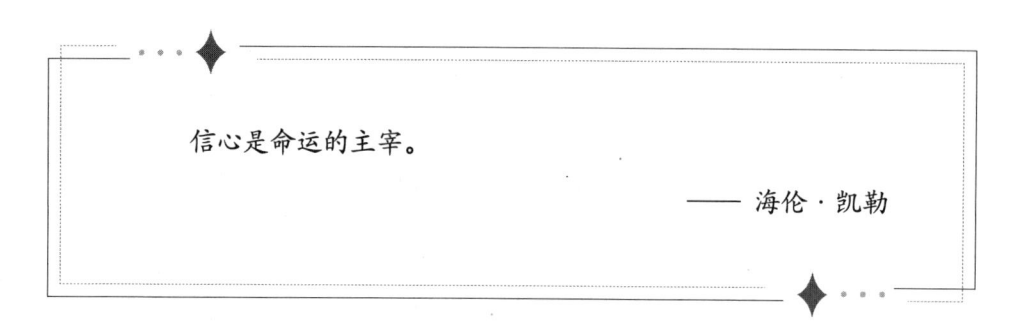

> 信心是命运的主宰。
>
> —— 海伦·凯勒

我们先来看一家美国心理学机构做的一项实验：在学校里随机抽取 20 名同学，然后当着全校同学的面评价这 20 名同学都天赋异禀，且将来一定大有作为。当然，这 20 名同学自己也知道权威人士对他的评价。十几年过去，那 20 名被判定会大有作为的同学，全都成为人中龙凤，取得了杰出的成就。迄今为止，他们还不知道当年自己被选中完全是随机的，而是误以为自己真的天赋异禀。他们到底凭借什么获得成功的呢？就是凭借他们的自信。在被权威人士认可和肯定之后，这 20 名同学都变得非常自信。在漫长的人生路途中，他们遭遇过很多困境，但是从未轻易放弃。他们坚信一切坎坷磨难都是取得成功前的磨练，所以他们形成了强大的自信，也在自信中收获了神奇的力量。

祛魅：你以为的真是你以为的吗？

这些孩子在被随机选中的时候，对于自己并没有客观中肯的评价。当时，他们正处于对自己深入认知的形成和自信心的建立阶段。正是在这个关键时刻，他们被人授以自信，并顺利建立自信。之后，在自信的巨大力量推动下，他们不断地砥砺前行，排除万难，哪怕遭遇再多的坎坷挫折，也绝不放弃，最终取得成功。因此，父母一定要告诉孩子，相信自己，不要轻易地否定自己。

上小学五年级的小虎想学钢琴。自从第一眼看见那个有黑白键的大家伙后，他就不可救药地爱上了它，并且发誓要好好学习弹钢琴。

在小虎好说歹说下，而且表明学习钢琴的决心后，终于说服爸爸妈妈为他买钢琴。他兴奋地拉着爸爸妈妈来到琴行。第一次如此近距离地看着心爱的钢琴，小虎心里止不住地激动。他的手指轻轻地拂过琴键，感受来自指尖的美妙。

"你要学习钢琴吗？"一个声音飘进了小虎的耳朵，走进了他的心里。

"嗯！"小虎郑重地回答。面前是一个中年男子，他打量了一下小虎，目光又停留在小虎还在抚摸琴键的手指上，然后摇了摇头，又叹了口气，似乎还带着点儿无奈地说："你的手太小，手指不够长，恐怕不适合弹钢琴。"

"为什么？手小怎么了，我喜欢钢琴，我可以多练习。"小虎一听这话，都有点儿急了。要知道，他现在有很大的热情和决心，怎么能够容忍别人说不行呢？

"孩子，你知道的，很多事不是仅靠热情就可以的。音乐这种事，怎么说呢，没有天分，再努力也无法达到顶峰。我自己就是练钢琴的，我知道。"

小虎心里很难过，这样一位"权威人士"评价，导致自己的信心都受挫了，之前的热情也有些消减。难道自己就真的不适合弹钢琴吗？

爸爸知道后，对小虎说："你觉得你喜欢钢琴吗？你觉得自己行吗？"

小虎说："喜欢，当然喜欢了！我是真的想学习钢琴。我知道学习不容易，可是我会很努力。"

"那就行了,既然你自己已经下定决心,又何必那么在意一个陌生人的话呢?他又不够了解你,他说的也不一定正确!你要相信自己,也要果敢有魄力,自己的事情要自己拿主意,别人的意见只能为你提供参考,当然更不能因为别人的一句话轻易否定自己,知道了吗?"

爸爸的话让小虎吃了一粒定心丸,他决定了要学习钢琴。而且他相信,自己一定可以学得很棒的。

果然,仅仅一年后,小虎的钢琴就已经过了四级。

案例中的孩子在下定决心要学习自己热爱的钢琴时,却遇到了一位"专业人士"泼冷水。否定自己的梦想是每个人都不愿意见到的,于是小虎也像多数孩子一样对自己产生了怀疑。可是,这种否定就一定是正确的吗?小虎的爸爸给了他答案:相信自己,没错。别人的话都只作为参考,不能因为别人一句不确定的话而轻易地否定自己,从而失去了一个学习甚至是成功的机会。家长要教孩子正确看待别人的评价,要让孩子知道,别人的评价不一定完全正确,别人对自己的了解并不全面,也不是事件的亲历者,所作出的评价不一定就是中肯客观的,所以要教孩子面对别人负面的评价时,孩子要保持清醒的头脑,而能够正确判断和对待别人意见的前提和重要基础是孩子对自己能够有一个正确、客观、较为全面的认识,并且对自己的决定有较为准确的判断,然后就是要教孩子对自己有足够的自信,不要轻易因为别人的一句话而否定自己的能力。这里有几点建议供各位家长参考:

1. 树立自信心是基础

对自己有信心,才不会轻易被别人影响。教孩子树立自信,家长就要让孩子充分了解自己的能力。要让孩子觉得在遇到一件事时"我能做""我会做",鼓励孩子充满信心,而不是遇事畏首畏尾,总是觉得"我做不到"。一个没有自信的孩子遇事时会犹豫不决，如果再有人对孩子提出否定意见或泼冷水，那么孩子自然容易人云亦云，也跟着否定自己了。所以，帮助孩子树立自信是关键。

2. 不要急于否定孩子的意见

如果孩子想做一件事，还未动手，一张嘴说想法，家长就回复道："不行，这样不对。"如果孩子开始做一件事，家长就在一旁指指点点："你不应该这样做，这是不对的。"如果孩子经常遇到这样的情况，久而久之，就会造成一种感觉：自己总是错的。这种感觉对孩子来说是很危险的。孩子会随着家长的否定变得没有信心，思维能力也会下降，不敢说出自己的想法，这对孩子的性格形成很不利。家长要鼓励孩子勇于说出自己的意见，并且以一种尊重、平等的态度来对待孩子提出的意见，让孩子感觉自己的意见是被重视的，而自己的意见是有可取之处的。当别人对孩子提出不同意见，孩子也就不那么容易盲从，不会因为别人的一句话而轻易否定自己。家长要让孩子觉得自己是对的，也要学会对别人的评价持有怀疑精神，会思考、敢发言、敢质疑，孩子也就不会因为别人的意见对自己进行否定。

3. 教孩子学会坚持

有句话说得好："既然选择了远方，便只顾风雨兼程。"对每个人来说，人生中重要的决定，一旦下定决心，就不要轻易改变。比如未来发展的方向、自己的兴趣爱好或自己要达到的目标。这些都有可能会受到质疑甚至阻碍，但成功者往往因为选择了坚持，并且为之不懈努力，才获得成功。当孩子做出决定时，首先自己要有成熟的思考和谨慎的判断，一旦做了决定，就要有风雨无阻的坚持精神，要有毅力和魄力，敢于坚持自己的想法。只要自己有足够的信心和恒心，就没有人可以改变你的决定。当然，家长要帮助孩子选择正确的方向，不能让孩子在错误的道路上撞南墙。

其实，有不同的意见未必是坏事。有时候，别人的意见是对的，可以帮助孩子及时矫正方向。面对别人泼的冷水，家长要教孩子正确对待，把前进路上的阻碍当作动力,让这些声音帮助孩子保持清醒的头脑,时刻保持前进的动力,不断奋斗,最终走向成功。

祛魅小技巧

正确看待别人的评价,别人的评价不一定完全正确,别人对自己的了解并不一定全面。相信自己,没错。别人的话都只作为参考,不能因为别人一句不确定的话而轻易地否定自己,从而失去了一个学习甚至是成功的机会。

第八章 对外界祛魅,莫因他人的议论而改变自己

在我们的生活中,他人的看法和评价往往对我们产生巨大的影响。但是,我们真的应该因为外界的议论而改变自己吗?尽管外界的意见和评价可能会影响我们的决策和自我认知,但最终,我们必须学会辨别哪些是有益的指导,哪些则可能是无端的干扰。通过对外界的祛魅,我们可以更加坚定地走自己的路,不被无关的声音所左右,从而活出真正的自我。

祛魅：你以为的真是你以为的吗？

对外界祛魅，不要把别人的话当成真理

> 把别人对你的诋毁放在尘土中；而把别人对你的恩惠刻在大理石上。
>
> ——本杰明·富兰克林

在这个信息爆炸的时代，我们每天都会接触到各种各样的声音，有些是正面的，有些是负面的，有些是中立的。我们如何应对这些声音，如何保持自己的独立思考和判断能力，是一个非常重要的问题。

一种常见的做法是对外界祛魅，也就是说，不要把别人的话当成真理，不要被别人的观点所左右，不要因为别人的评价而改变自己。这种做法有利于我们保持自信和坚定自己的目标，避免受到外界的干扰和影响。

但是，对外界祛魅并不意味着完全忽视或否定别人的意见。我们也要学会倾听和分析，从中获取有用的信息和反馈，以便改进自己的行为和思维。我们也要保持一定的开放和包容，尊重和理解不同的观点和立场，以便拓宽自己的视野和知识。

在实习的时候，我找了一份工作，在一家知名互联网公司担任产品经理。我很高兴，觉得这是一个很好的机会，可以学习很多东西，也可以实现自己的价值。我对自己的工作充满了热情和信心。

但是，我很快就发现，同事们并不欣赏我的工作方式。他们觉得我太理想化，太固执，太不懂得变通。他们说我不懂市场，不懂用户，不懂团队协作。他们常常在背后议论我，甚至有时候当着我的面嘲笑我。他们让我觉得很孤独，很沮丧，很无助。

我开始怀疑自己，是不是我做错了什么？是不是我应该改变自己，适应他们的要求？是不是我太自以为是，太不切实际？我开始试图改变自己，放弃自己的想法，听从他们的意见，做他们认为对的事情。但是，这样做并没有让我感觉更好。相反，我觉得更加迷茫。

直到有一天，我遇到了我的导师。他是一位资深产品经理，有着丰富的经验和见解。他看到了我的困境，给了我一些很好的建议。他说：

"你不要在意别人怎么说你，你要相信自己。你要知道你为什么做这件事情，你要有自己的目标和愿景。你要对外界祛魅，莫因他人的议论而改变自己。你要坚持自己的原则和价值观，你要做你认为正确的事情。只有这样，你才能找到自己的方向和意义。"

他的话让我感觉很受启发，也让我重新找回了自己。从那以后，我就按照自己的想法去做事情，不再在乎别人的看法。虽然同事们还是不理解我，甚至排斥我，但是我已经不再在意这些了。因为我知道自己在做什么，为什么做这些。

结果证明，我的选择是正确的。我的产品得到了用户的喜爱和认可，也

祛魅：你以为的真是你以为的吗？

为公司带来了很好的业绩和口碑。老板也开始赞赏我的工作，并给了我更多的支持和信任。同事们也开始尊重我的专业性和创造力，并愿意和我合作和向我学习。

对外界祛魅，莫因他人的议论而改变。这样做不仅可以让自己快乐和满足，也可以让自己获得成功。

对外界祛魅，是一种积极和主动的态度。它可以帮助我们建立自己的价值观和信念，同时也可以让我们更加理性和客观地看待外界的信息和声音。我们应该在对外界祛魅和倾听分析之间找到一个平衡点，既不盲目跟从，也不固执己见，从而实现自我成长。

总之，对外界祛魅，是一种智慧，也是一种勇气。它可以让我们更加清醒和坚定地走在自己的道路上，不受外界的干扰和影响。它可以让我们更加自信和自主地做出自己的选择和决定，不受他人的牵制和束缚。它可以让我们更加快乐和满足地享受自己的生活和工作，不受负面情绪和压力的影响。

祛魅小技巧

对外界祛魅，就是不要把别人的话当成真理，不要被别人的观点所左右，不要因为别人的评价而改变自己。对外界祛魅，我们也要学会倾听和分析，从中获取有用的信息和反馈，以便改进自己的行为和思维。我们也要学会开放和包容，尊重和理解不同的观点和立场，以便拓宽自己的视野和知识。

盲目讨好，并不会获得他人青睐

> 人要想活得自由和幸福，需要被讨厌的勇气。
>
> ——阿尔弗雷德·阿德勒

生活中，可能会有这样的人，他是众人眼中的老好人，每个人说起他来都是点头称赞。他对待家人从来都是任劳任怨，无微不至；对待自己的朋友也是尽心尽力，真诚相待；哪怕他对待一个路上遇到的陌生人，也会尽自己最大的努力去帮助别人；他从不会因为自己所受的辛苦和委屈而有任何的抱怨。这种人看似很完美，因为他有一颗善良无私的心。但是心理学家认为，这种对他人过分友善的行为可能是一种病态——缘于他有一颗敏感的心。工作中，我们肯定有去讨好某个人的时候，特别是在领导面前，但都不会太过张扬，自己的个性肯定会有所收敛。行为举止也大多会在意领导的眼光。办公室里常常会上演在老板面前点头哈腰的一幕。

祛魅：你以为的真是你以为的吗？

但是，那种一味地只想取悦他人的人，也要为此付出昂贵的代价。这种人似乎总是处于一种不安全的状态，不相信自己，常常觉得自卑，因此，希望通过讨好他人而获得安全感，但时间一长，他就会越发感到自己被孤立。因为他只是盲目地去讨好、去倾注，就像巴巴内尔曾经在著作《揭开友善的面具》中写道："极端无私是一种用来掩盖一系列心理和情感问题的性格特征。"

工作中讨好他人的手段肯定是需要的，因为一个人能力超群，并不代表这个人就一定能得到老板青睐。你的能力比他人强，只能说明你是一个好员工，一个优秀的工作人员。老板会赏识你的工作能力，但是否器重你，还要综合其他因素，比如你的人格魅力。

小王刚进入一家贸易公司工作。她自身条件其实很优越，但是因为从小就对出口贸易很感兴趣，所以她寻觅了很久，终于找到了这家公司。刚进公司的时候，小王表现得异常的热情，对每个同事都是非常有礼貌。出于对他们的尊重，所以小王每次有什么问题要请教的时候，总会热忱地叫对方为"老师"，因为她觉得这是对他人最大的尊重。但是同事们对这个称呼都显得非常不安，觉得非常别扭。

有一天，小王为了答谢多日来同事们对她工作上的帮助，决定请他们吃饭。同事们都以为就是普通的饭馆，没想到居然是一家五星级大饭店。这让同事们都面面相觑，惊讶得不行。结账的时候服务员给了小王一张接近三千元的账单，小王二话不说直接付钱。在座的人都开始变得局促不安起来。

出了饭店时间还早，于是小王又说请大家去KTV唱歌或者去游乐场玩，但是同事们听了都连连摆手，以各种借口推辞，然后匆匆忙忙就离开了。

在以后的日子里，小王每天都会给他们带来各种各样的小礼物，今天是给这个同事送昂贵的化妆品，隔天再给那位买某品牌的领带，每次送的东西都不便宜。同事们自然不好意思一直收她的东西，也不好拒绝，于是只能买东西还礼。渐渐地，小王这个举动让周围的人感到有压力。后来只要小王说要买什么东西大家都直接拒绝她，而且还和她保持一定的距离。

遭到周围人冷落的小王心里十分纳闷，她对每个人都这么好，为什么大家对她这种态度呢？

其实，小王不知道，人生就这几十载，重要的不是如何讨好他人，而是怎样提高自己。如果你只知道盲目地讨好周围的人，反而会失去周围的人对你的尊重。

讨好他人也需要灵活使用，不是对谁都一味地奉承，你将自己的尊严都丢弃了，还指望谁会来尊重你呢？这些人只会觉得你就是一个没有能力的人，一个只会卑躬屈膝、没有自我的人。所以，讨好他人一定要慎重。

你去讨好这个人的时候也就证明了你不如这个人，所以你才要用讨好这种方式来拉近你们的距离。但是，与其这样不情愿地讨好别人，不如将更多的时间花在强大自身上。

祛魅小技巧

如果你一味地取悦他人，并不一定会获得对方的尊重和青睐，甚至会为此付出昂贵的代价。与其讨好他人，不如花时间来提高自己。

祛魅：你以为的真是你以为的吗？

不觊觎别人的光鲜华丽，
就不会迷失自我

> 外来的比较是我们内心动荡不能自在的来源，也使得大多数人都迷失了自我，障蔽了心灵原有的氤氲馨香。
>
> —— 林清玄

总有些人在生活中喜欢和别人一较高下，如果工作职位比别人低，收入比别人少，就会自怨自艾，抱怨上天不公。他们常常拿别人的标准来衡量自己，自己给自己造成混乱和迷茫，甚至使自己不得安宁。

老夏和老张是老同学。大学毕业的时候，他们被分配到同一个县机关单位上班。他们都是从机关的基层干起，可是没过几年，老夏就被调到市里去了，后来又顺利地被调到了省里,官越做越大,人也越来越意气风发。

可是老张的运气就不那么好了,他在那个县机关单位一待就是20年,从年纪轻轻熬到了白发苍苍,却还只是一个小公务员。

有一次同学会,老夏满面红光、意气风发的样子,让老张心里嫉妒得发狂:自己哪方面比他差?想当初在学校的时候,自己门门功课都比他好。之后,老张总是想起自己与老夏天壤之别的生活,他的心里憋着一股气。

这天下班后,心情不好的老张去了一家餐馆,一个人在那里喝闷酒。因为人多,有人就坐在了他的对面,看他闷闷不乐,就问他:"看您心情不好,为了什么事发愁呢?"

老张一仰头就干了一杯,然后叹了一口气说:"你不知道,我这辈子真够倒霉的,我在机关里熬了20年,如今还在原地踏步。"老张边说边又给自己倒满酒,"可是和我一起毕业的同学早就爬到省机关了,你说我怎么这么命苦呢?他有什么能耐?他凭什么就受重用?不就是嘴巴甜一点儿吗?"

老张心里始终放不下,开始日日酗酒。在一年后的一次体检中,老张被查出患了肝硬化,医生说是喝酒太多导致的。

其实,每个人境遇都是不尽相同的,这注定每个人的人生都是千差万别。可是有些人总习惯拿别人的标准来衡量自己。他们看见别人某方面比自己强,就心理不平衡、嫉妒,进而对自己提出各种苛刻的要求,或者抱怨命运的不公。

杨小文在一所名牌大学读完研究生后进了一家著名的外企工作。同事们要么没有她的学历高,要么专业没她好。为此,她很有优越感,她觉得自己肯定会比这些人更容易得到重用。

两个月后,她仍然在做最基础的工作,上司提拔了只有本科学历的于晓月做办公室副主任,负责对结算工作的审核。这让杨小文感到失落和愤愤不平。

祛魅：你以为的真是你以为的吗？

她想不通为什么是这样，她觉得上司对人不公。她整天想着这件事，甚至无心工作，只想赶快跳槽。这一天，在结算时，她因为分心而把一笔投资存款的利息重复计算了两次，虽然没有给公司造成实际损失，但整个公司的财务计划被打乱了。

事后，杨小文并没有觉得自己犯了多大错误。她觉得这不过像做错了一道数学题，只要改正过来，下次注意就是了。她的这种满不在乎的态度让上司很不放心，以后再有什么重要工作就总找借口把她"晾"在一边，不让她参与。

杨小文更觉得上司对她不公平了。当她的抱怨传到上司耳朵里的时候，上司找她谈话说："其实，我们最开始的计划是让你在基层锻炼一段时间，然后让你担任更重要的职务。不过，让我们很失望的是，你一直在抱怨我们对你不公平，也仍旧没能做好最基础的工作。所以，并不是我们没有给你机会，而是你自己不懂得把握机会。"

没过多久，杨小文就不得不辞职了，而她也终于知道，她不是败给了别人，而是败给了自己。

盲目攀比只能让自己徒增烦恼，哀叹命运的不公，实际上就是在摇首叹息之际将自己的命运交给了别人，这就是在自毁前途。

在现实社会中，总有那种什么时候都能看见别人身上的好处，却看不到自己身上的亮点的人。他们整天追随别人的生活，却从不合理地安排自己的生活。对于一直追随别人生活的人来说，过度的虚荣会让他们在落后中自寻苦恼，形成强大的压力，从而迷失自己。

生活中，我们无须什么事都想着与人比较。因为不论怎么比较，总有比你强的人，也有比你弱的人，何须自寻苦恼呢？在比较的过程中你会变得更加消极，所以千万不要总和别人比较，以免坏了自己的心情，降低了对幸福的感知度！

1. 摆正自己的着眼点

现实中，很多人在与别人的攀比中，丧失了自己的个性，仿佛眼中只有别人的言行，而自己却慢慢沦落到"邯郸学步"的地步。因此，我们一定要学会摆正自己的心态，不去作无谓的比较；要学会摆正自己的着眼点，不要让自己迷失。

2. 适当放松，少一点儿奢求

别奢望太多，更不要用比较的眼光看问题，那样生活会很累。你要懂得时刻告诉自己："这样就可以了。""已经很好了。"通过心理暗示，让自己放松下来。幸福的生活从来不是比较出来的，你需要什么争取什么就好了。

3. 不断提升，跟自己赛跑

与其和别人比较，不如做一个跟自己赛跑的人。列出一张表格，把自己要完成的目标和限定时间写出来，然后一步步按照表格执行，看最终是否能够完成。这样，在点滴中进步，赢过昨天的自己，岂不是更好。

祛魅小技巧

盲目攀比，就是拿别人的标准来衡量自己，会给自己造成混乱和迷茫，甚至使自己不得安宁。因此，你要摆正自己目光的着眼点；适当放松，少一点儿奢求；不断提升，跟自己赛跑。

祛魅：你以为的真是你以为的吗？

从他人的身上，你无法寻找到安全感

> 不要从别人身上找安全感，能给你安全感的只有你自己。
>
> —— 杨绛

看过江苏卫视的相亲节目《非诚勿扰》的观众会发现，每次节目里出现频率最高的词就是"安全感"。最近，这个词似乎很流行。很多朋友都在朋友圈里抱怨，自己很焦虑，没有安全感。前天我收到一位网友发给我的微博私信，也是在谈论这个话题。

她写道："我以前跟男友的感情很好。后来他调动工作，一直很忙，没有时间陪我。我因为一些因素辞去原来的工作，在家待业。慢慢地，我发现我变得越来越焦虑，越来越没有自信，总是喜欢胡思乱想，特别害怕失去他。而且现在只要一说到这个问题就想哭。我也跟男友说过好几次，他也理解我的感受，但是没办法，只能尽量抽出时间陪我。我也知道这样不好，会伤感情。每次对他发完牢骚后，我都特别后悔，但是有时候又控制不住，就是心里面很没有安全感，很怕失去他，不知道该怎么办。每天都过得很焦虑，加上长期失眠，感觉整个人都快崩溃了。"

心理学上这样定义安全感：对可能出现的对身体或心理的危险或风险的预感，以及个体在应对处事时的有力感，主要表现为确定感和可控感。换言之，安全感是一种感觉、一种心理；是来自一方的表现所带给另一方的感觉；是一种让人可以放心、可以舒心、可以依靠、可以相信的感觉。

我们每个人来到这个世界上，为了摆脱孤独感，都在积极地寻求安全感，不过大多时候我们走错了方向。很多女孩都和案例中的女孩一样，觉得只要找一个很爱很爱我的人，就可以获得安全感。但是，很快就发现，自己的情绪完全受到对方的牵制。如果哪天他体贴我，照顾我，送我礼物，我就会很开心、很幸福；如果哪天他对我照顾不周，我就一个人生闷气，对自己的处境焦虑不安，毫无安全感可言。

这都是错把目光放在了"外部"而不是"内部"所导致的结果。

有一段时间，我在网上认识了一位年轻漂亮又事业有成的女孩。她在一家外资企业工作，上班期间忙，下班后还有各种推脱不掉的应酬。虽然她的忙碌让她少有时间陪伴老公，但是她觉得，自己无论如何都不会为了陪伴老公而放弃自己的工作。

我也替她担心："你这样成天忙自己的事情，不陪你老公，你不怕他被人拐跑吗？"她说："安全感不是男人给的，是自己创造的。爱情不是从属关系，恋爱中的女人也要有自己独立的生活。绝不能为爱他而不惜践踏自己的尊严，不惜牺牲自己的生活乐趣。无论多久没有与爱人见面，我也不会牺牲自己去取

祛魅：你以为的真是你以为的吗？

悦他。"

即便是在和老公的热恋时期，她也依旧和闺密们打得火热，完全没有忽视朋友。同时她还维持着自己的爱好，给自己充分的自由独立的空间和时间。比如，她常常在咖啡馆里待半个小时，来一杯咖啡，或者约几位知心好友聊聊闺房私密话。

她说过的一段话让我很感动："生活里除了工作、爱情，还有很多值得关注的事情，我必须给自己一点儿时间让我自己回到真实的生活里。在这些真实的生活里，我似乎比和老公待在一起更觉得有安全感。毕竟男人可能会背信弃义，可是我的爱好、我的事业永远不会背叛我。"

很多人尤其是女性，都希望在爱情、婚姻里寻觅一个拥有坚实的臂膀，能够给自己安全感的人。实际上，另一半是不能真正带给你安全感的。谁也说不定哪一天山盟海誓成空，天长地久的诺言变成一片虚无。能给你安全感的不是男人，而是你自己。

台湾情感作家张小娴对心理学很有研究，她说："无论女人看起来想要什么，归根究底她要的是很多很多的爱，跟很多很多的安全感。关键在于'爱与安全感'到底从哪里来？有些人觉得来自男人、婚姻，但是我始终认为希求他人，你注定会失望。有时候爱与安全感可以通过女人自己的努力来创造和收获。"

一直浸泡在他人的安全感中最不安全。你太依赖某个人，他会成为你的习惯。分别来临时，你失去的不是某个人，而是你精神的拐杖。

对于当代女性来说，无论你是拼杀职场，还是回归家庭，想要拥有安全感，都必须依靠自己的努力奋斗。当你的内心足够强大之时，无论处于什么样的困境，遭遇什么样的变故，你都不会焦虑，都能轻松应对。当你的内心像上面那位给我私信的女孩一样脆弱不堪时，即使你遇到了一个很爱很爱你的人，你依旧会没有安全感。

爱情中的安全感要靠自己给予，工作、生活、学习中的安全感也是如此。把希望寄托在别人身上，总有一天会失望。

祛魅小技巧

当你认为，只要找一个很爱自己的人，就可以获得安全感时，你会发现，自己的情绪完全被对方牵制。你寻求安全感的目光不应该放在"外部"而是要放在"内部"。安全感不是别人给的，而是自己创造的。

祛魅：你以为的真是你以为的吗？

不让他人左右，过适合自己的生活

> 真正的高贵不是优于别人，而是优于过去的自己。
>
> —— 海明威

每个人在社会中都有自己的角色，都有适合自己的工作和任务。如果从事不适合自己的工作，只能让你得不偿失，毫无建树。

很久以前，有一只乌鸦非常羡慕在高空中翱翔的老鹰。乌鸦很想像老鹰一样来一个漂亮的俯冲，抓住草地上的小羊。于是，乌鸦天天模仿老鹰的动作拼命练习。过了很多天，乌鸦觉得自己已经练得很棒了，就从树上猛地冲下来，扑到一只山羊的背上，想完成老鹰那样完美的动作。但是，由于乌鸦的身子太轻，落到了山羊的背上，爪子也不小心被山羊身上的毛缠住了。它拼命地拍打翅膀，想要从山羊的背上逃脱，却都失败了。前来赶羊的牧羊人看见了，把乌鸦抓了去。乌鸦不但没能像老鹰那样抓住小羊，反而把自己的性命交到了牧羊人的手里。乌鸦的盲目模仿上演了一场悲剧。

只要有常识的人都知道，俯冲抓羊的动作适合老鹰，却不适合乌鸦。但是，这只可怜的乌鸦却以为自己能成为一只像老鹰般的乌鸦，简直荒唐可笑。可是在一笑而过后，你是否有那么几秒钟的顿悟，是不是也在这只乌鸦身上看到了某个时候自己的影子？曾几何时，你是不是也像这只乌鸦一样，因为看到别人的光鲜，就盲目地跟从，而做了一些不适合自己的事呢？

就像人在买鞋买衣服时一样，36 码的脚就只能穿 36 码的鞋，高大的身材不能穿小号的衣服。一定要穿最适合自己尺码的衣服才最舒适。即使再昂贵、再精致的东西，如果不合适你，也只能当作摆设，它本身的价值也就得不到体现。

如果一个人总是在将就与勉强中度日，那将是一件多么痛苦的事。如果你选择了不适合自己的路，这就像穿上了不合脚的鞋走路一般，将会异常艰辛。

适合，对我们来说太重要了。感情中，我们要找到适合的伴侣，这样才有一起营造幸福的激情；事业中，我们要找到适合的工作，这样才有奋发向上的动力；生活中，我们要找到适合的人生方向，这样短暂的一生才不会遗憾重重。

很多时候，也许你的适合得不到身边人的理解，甚至会遭到强烈的反对。可是，如果你觉得那是最适合你的，就一定要坚持，因为只有坚持，才能让时间证明你的正确。如果你因为得不到认可就委屈放弃，最后一定不会只是遗憾那么简单。能对自己的人生负责的只有自己，除了自己，没有人会为你的错误选择买单，连最亲近的人也不能。所以我们在听取别人意见的同时，更应该问一问自己，这适合我吗？当然，你坚持自己的选择的前提是，这必须是你经过深思熟虑后确定适合自己的。

祛魅：你以为的真是你以为的吗？

我有一个表哥，在政府部门工作了好几年，最后却辞职了，自己开起了小吃店。他放弃令所有人羡慕的公务员工作，不仅让周围的人吃惊不已，更是遭到了家里人的强烈反对。他父亲甚至以断绝父子关系相要挟。

表哥很苦恼。他和父亲谈道："我在单位里每天重复同样的工作，拿着固定的工资，生活没有激情。我觉得年轻人应该多闯多拼，我希望我能通过创业更快地成长，就算失败也无所谓，毕竟我还很年轻。"就这样他父亲才勉强同意。经过几年的磨炼，酸甜苦辣都尝尽的他变得比以前更成熟稳重了。看着颇有成就的儿子，他父亲笑了。

很多人都已经认识到，适合自己的才是最好的。不要一味地邯郸学步，因为适合他人的不一定适合自己；也不要勉强自己去做自己根本无法做到的事情，那样有可能适得其反。只有找准适合自己的位置，你才能更加得心应手，取得更好的成就。

如果不是耀眼的太阳，那么就做一颗闪烁的星星，照样能在夜里发光发亮；如果不是参天大树，那么就做一棵青青小草，照样能给大地增添一抹生机；如果不是海洋，那么就做甘甜的水滴，照样能滋润万物。要相信，每一粒种子终归有适合它的土地。

祛魅小技巧

不要一看到别人的光鲜，就盲目跟从，而做一些不适合自己的事。在听取别人意见，或做出选择时，你一定要问自己，这适合我吗？当你经过深思熟虑，做出适合自己的选择后，就应该坚持下去。

面子，让你的生活苦不堪言

> 人与人之间需要一种平衡，就像大自然需要平衡一样。不尊重别人感情的人，最终只会引起别人的讨厌和憎恨。
>
> —— 戴尔·卡耐基

你是否曾经为了面子而做出一些不理智的决定？你是否曾经为了面子而牺牲了自己的幸福和健康？你是否曾经为了面子而忽视了自己的真实感受和需求？如果你的答案是肯定的，那么你可能是面子的人质。

在中国，面子有着深厚的历史和文化根源，是人们在社会交往中必须遵守的一种隐性规则。面子可以分为两种：一种是内在的自尊心，另一种是外在的社会地位。前者是自我评价和自我认同，后者是他人评价和他人认同。两者相辅相成，共同构成了一个人的面子。

但是，当我们过分追求外在的社会地位时，我们就可能忽略了内在的自尊

祛魅：你以为的真是你以为的吗？

心。我们就可能为了讨好他人，而放弃自己。我们就可能为了符合他人的期待，而违背自己的意愿。我们就可能为了维护他人的尊重，而牺牲自己的利益。这样，我们就成了面子的人质，让自己的生活苦不堪言。

面子的人质具有以下几个特征。

- 他们总是担心别人怎么看他们，怕丢脸、怕被嘲笑、怕被排斥。
- 他们总是想要符合别人的标准，迎合别人的喜好，取悦别人。
- 他们总是想要显示自己的优越性，比别人更有钱、更有权、更有能力。
- 他们总是想要掩饰自己的缺点和不足，不敢承认错误、不敢寻求帮助、不敢展示真实的自己。
- 他们总是想要避免冲突和矛盾，不敢说不、不敢拒绝、不敢反抗。

这样的生活方式，不仅让他们感到紧张和压抑，而且让他们失去了自我和快乐。他们无法真正地享受生活，无法真正地实现自我。

汪翔是一家公司业务部门的副主管。他的朋友张波在前不久刚刚成立了一家公司。为了庆祝一番，张波在酒店邀请了过去的朋友聚会庆祝。大家当时玩得很高兴，都祝愿张波生意能够红火。这时候，汪翔说："张波，你看这些人总对你说虚话，我给你来点儿实际的，你的第一单生意我给你包了。"

其实，汪翔的内心也很明白，自己虽然是业务部的副主管，其实没有多大权力，但是为了在朋友面前撑面子，还是毫不犹豫地对朋友作出承诺。这让在场的人都记住了他的话，朋友们都说汪翔厉害，够义气。一瞬间，汪翔也顿觉自己很伟大，在朋友前赢得了十足的面子。于是，又向周围的其他朋友都夸下了海口，说大家有困难尽管说。

一个星期过后，张波去找汪翔谈生意。这下汪翔慌了，因为他根本不了解公司的此次招标。但是，汪翔意识到，如果这个时候拒绝张波，无疑使自己丢了大面子。于是，他不得不帮张波忙活起来。一个星期过去了，汪翔答应帮张波的事情没有一丝进展，但是张波也并没有不高兴，只是说："看你说得那么胸有成竹，相信你能行的。现在看来，我还是找别人吧，你也不用为难了。"

但是，为了保全面子，汪翔还是决定要给朋友看一看自己的"能力"。不过，汪翔几次三番的失误，不仅使张波跟着受了累，就连汪翔自己也搭进去了不少钱。从这之后，朋友们都觉得汪翔并不像他自己说的那样有能力，于是都对他产生了一丝反感。汪翔自己也倍感失落，本来想在朋友面前争面子，没想到却使自己失了面子，真是懊悔不已。

汪翔因为"死要面子"，最终不仅使自己失了面子，而且还耗费了自己过多的精力、财力。不仅如此，汪翔自己也背上了沉重的精神负担，真是自己找"罪"受。

那么，如何摆脱面子的囚笼呢？如何找回自我和快乐呢？

1. **认识到面子并不等于幸福**

面子只是一种表象，而幸福是一种内在。追求面子并不能给你带来真正的满足和幸福，反而会让你失去自己和快乐。

2. **培养自信和自爱**

自信是对自己能力和价值的肯定，自爱是对自己需求和感受的尊重。当你有了自信和自爱，就不会过分依赖别人的认可和尊重，就能够按照自己的意愿和喜好去生活。

3. **学会拒绝**

拒绝并不意味着你不尊重别人或者不关心别人，而是意味着你尊重自己和关心自己。当你遇到一些不合理或者不合适的要求时，有权利拒绝，不必为了面子而勉强自己。

4. **学会承认错误和改正**

承认和改正并不意味着你是弱者或者失败者，而是意味着你是成长者和进步者。当你犯了错误或者发现不足时，应该勇敢地承认和改正，不必为了面子而掩饰和逃避。

5. 学会沟通和协商

沟通和协商并不意味着软弱或者妥协，而是意味着理性和合作。当你遇到了冲突或者矛盾时，应该积极地沟通和协商，不必为了面子而争斗和对抗。

总之，面子并不是生活的目的，而是生活的手段。我们应该用面子来服务于自己，而不是被面子所奴役。我们应该用面子来增加自己的幸福，而不是让自己的生活苦不堪言。

祛魅小技巧

面子不是生活的目的，而是生活的手段。如果你成了面子的人质，你的生活将会苦不堪言。对面子祛魅，你要认识到面子并不等于幸福，要学会培养自信和自爱，要学会拒绝，要学会承认和改正，要学会沟通和协商。

他人的嘲笑并不可怕，那是你前进的动力

> 不要嘲笑那些比你们拼命努力的人，也不要理会那些嘲笑你拼命努力的人。
>
> —— 松下幸之助

有些人常常会觉得别人总是在谈论自己，总是疑神疑鬼。其实，你要想开一些，即便他人谈论的是你，那又如何？即便有人批评与嘲笑你，那又如何？你若能把他人的嘲笑和批评当作给自己敲响的警钟，让自己避免走弯路，少犯错误或不犯错误，那就是好事。俗话说得好，当局者迷，旁观者清。下棋时，观棋人在旁边指点一下，下棋人可能就会恍然大悟。不能接受别人意见和批评的人，必然不能够更快地进步。因此，当面对批评与嘲笑时，我们应该虚心接受。

抗战时期，清华大学、北京大学、南开大学南迁昆明，建立西南联合大学。

祛魅：你以为的真是你以为的吗？

文化名流齐聚昆明，可谓有史以来的一场文化盛宴。在众名流中，有一个不受云南欢迎的人，他就是被作家施蛰存称为"被云南人驱逐出境"的李长之。是什么原因让李长之被驱逐出境呢？就是因为他提出了一些可贵但逆耳的意见。

毕业于清华大学的李长之，1936年留清华大学任教，次年秋天赴滇任教。李长之才华卓越，其专著有荣获学术界高度评价的《中国文学史略稿》《批判精神》等。来昆明不到半年时间，李长之写了一篇短文《昆明杂记》，随即引起了轩然大波，以至于被云南人驱逐出境。为什么才华出众的李长之会招此恶果呢？原来在这篇杂文中，云南人根本找不到夸赞云南人的词语，也找不到赞美云南美景的语句，看到的只是批评、嘲笑和指责。这惹得云南人大为恼火。当时昆明大大小小的报社都发表文章，对李长之群起而攻之。李长之自知待不下去，只好卷铺盖走人。

余斌先生在《西南联大在蒙自》中这样评价李长之事件："李长之尽管恃才傲物，话说得偏激一些，虽有以偏概全之嫌，倒也非凭空捏造，昆明人那时不知为什么竟有点儿反应过度。"

针对"李长之事件"，楚图南先生后来说道："来到云南的学者名流，对于云南的印象总是冠冕堂皇的一套恭维，如云南天时气候如何、人民性质如何、社会秩序如何之类，照他们说来云南真好得像天堂一样，但情况并非完全如此。云南固有得天独厚之处，但也有许多不足。真有自尊与自信者，就不应讳疾忌医，害怕批评与嘲笑，哪怕批评与嘲笑很严厉，有些过火。"

针对当时的状况，楚图南先生还写道："那只是反映了云南社会落后、幼稚、无知，才有着这种需要，需要表面的恭维，无论真心也好，假意也好，至少反映了云南还不能容纳真实的批评与嘲笑，无论是在极细微的地方。也就是云南还没有对人尊重和对学术宽容的雅量。"

余斌先生也针对当时的状况很有感触地说:"你爱夸耀云南是什么什么王国,人家就送你一顶又一顶'王国'的金冠,你说云南民族文化丰富多彩,人家就说确实丰富多彩。但你能听懂此话背后的意思吗?这王国那王国,不就是些资源吗?所谓丰富多彩,不就是色彩斑斓下面的落后吗?"透过表面看本质,许多学者已经看到了侮辱和欺骗就藏在恭维背后,但深感遗憾的是,李长之事件已经成为既定事实,不可更改。

这件事虽时隔多年,但也为我们后人提了个醒:一定要正确对待批评与嘲笑。如果提出批评与嘲笑的人的出发点是好的,即便他们的批评与嘲笑有些过头,也不要对其怀恨在心。要学会宽容大度地去包容,然后去反思自己不对的地方。要容得下"李长之"在自己的身边。

想要进步,就要敢于虚心接受批评与嘲笑。能够接受建设性的批评和意见,并且依言而行,这种表现就很成熟。

你的朋友、同事或者家人,就像一面明镜,他们能随时指出你的缺点,随时给予你必要的批评和意见,从而给你前进的动力,因此不要太过于相信自己的眼睛,毕竟"不识庐山真面目,只缘身在此山中"。有时候,身边一些人的批评和意见,虽然听起来有些尖酸刻薄,但你冷静下来仔细想想,认真地分析一下,就会发现他们所言不虚。

所以,在面对批评与嘲笑时,请以宽容的心态去对待。批评与嘲笑能帮助自己改进工作方式、克制情绪、完善自我个性,让心态走向积极的方向。如此一来,批评与嘲笑可以转化为前进的动力,让自己提升的速度加倍,我们就可以快速前行。

你要冲破固有的思维禁锢,用一颗宽容之心去对待他人的批评与嘲笑,对他人提出的意见充满谢意,虚心地承认自己不足的地方,那么你就会像一列疾驰在铁轨上的火车一样,在今后的人生道路中必然会有所作为。

祛魅： 你以为的真是你以为的吗？

祛魅小技巧

不能接受别人意见和批评的人，必然不能够更快地进步。对于别人的批评与嘲笑，你要学会宽容大度地去包容，然后去反思自己不对的地方，加以改进，从而促使自己进步。